Norbert Golluch

UNNÜTZES HUNDEWISSEN

Norbert Golluch

UNNÜTZES HUNDE WISSEN

Spannende und skurrile Fakten über unsere liebsten Vierbeiner

YES

Originalausgabe
1. Auflage 2022
© 2022 by Yes Publishing – Pascale Breitenstein & Oliver Kuhn GbR
Nymphenburger Straße 86, D-80636 München
info@yes-publishing.de
Alle Rechte vorbehalten.

Redaktion: Rainer Weber
Umschlaggestaltung: Ivan Kurylenko (hortasar covers)
Illustrationen S. 24/25: Daniel_San/Shutterstock.com;
Illustrationen S. 33: Horyn Sofia/Shutterstock.com
Layout und Satz: Müjde Puzziferri, MP Medien, München
Druck: CPI books GmbH, Leck
Printed in Germany

ISBN Print 978-3-96905-181-8
ISBN E-Book (EPUB, Mobi) 978-3-96905-183-2
ISBN E-Book (PDF) 978-3-96905-182-5

Inhalt

DER BESTE FREUND DES MENSCHEN?
EIN VORWORT

Wer begleitet uns bei Wind und Wetter auf allen Wegen, schützt uns vor vielen Gefahren, gibt uns immer und überall emotionale Wärme und folgt brav all unseren Befehlen? Der Hund? Das glauben Sie wirklich? Meiner ist nicht hinter dem Ofen hervorzulocken, wenn es draußen regnet und stürmt. Er würde Einbrecher schwanzwedelnd begrüßen und mit ihnen gemeinsam den Kühlschrank leer fressen. Er hört auf wen auch immer, jedenfalls nicht auf mich. Warum? Keine Ahnung! Vielleicht liegt es daran, dass ich mir nie die Mühe gemacht habe, ihn zu »erziehen«, wie das so schön heißt. Das arme Tier kann jedenfalls nichts dafür, dass es mich jahrelang treu begleitet hat und ich ihm nichts Nennenswertes beibringen konnte.

Man sagt nicht umsonst, dass Hund und Herrchen (und Frauchen) sich im Laufe der Jahre immer ähnlicher werden, und das nicht nur äußerlich. Das sollten Sie wissen und berücksichtigen, wenn Sie über den Autor und seinen Hund nachdenken. Wenn Sie selbst einen Hund haben oder sich einen anschaffen wollen, sollten Sie sich die Zeit für einige Überlegungen nehmen. Überhaupt gibt es einen ganzen Fundus von mehr oder weniger bedeutenden Tatsachen, Fakten und Forschungsergebnissen, die Ihr Zusammenleben mit Ihrem Vierbeiner bereichern können – Wissen für Herrchen und Hund. Vollkommen überflüssig, so etwas brauchen Sie nicht? Eigentlich nur genau passend – wer braucht schon einen Hund?

HUNDEGESCHICHTLICHES UND GRUNDLAGEN

»Es ist wohl kaum zu bezweifeln,
dass die Liebe zum Menschen beim Hund
zu einem Instinkt geworden ist.«

Charles Darwin, Naturforscher

WIE DER HUND ZUM MENSCHEN KAM

In grauer Vorzeit begann alles mit der Jagd. Für unsere Vorfahren war der Jagderfolg überlebenswichtig, und schon bald zeigte es sich, dass diejenigen Jäger der Steinzeit deutlich im Vorteil waren, denen es gelang, einen Wolf zu ihrem Jagdgefährten zu machen. Dabei wählten sie natürlich kein erwachsenes Tier, das sie irgendwo in der Wildnis eingefangen hatten, denn ein solches ließ sich nicht zähmen und ihrem Willen unterwerfen. Auch eine Annäherung zwischen Menschengruppe und erwachsenem Wolf auf der Basis naturgegebener Neugier dürfte der seltenere Fall gewesen sein. Alles begann vermutlich mit jungen Wölfen, die ihre Elterntiere verloren hatten und von den Menschen großgezogen wurden. Wie selbstverständlich begleiteten sie ihre menschliche Meute auf der Jagd, und beide – Menschen und die Vorfahren unserer Hunde – profitierten davon. Das Jagdglück nahm in dieser Konstellation zu. Mit der Zeit passten sich beide Arten an diese symbiotische Zusammenarbeit an. Die Jagdgruppen der Menschen hatten einen vierbeinigen Begleiter gewonnen, der sich in Aussehen und Verhalten im Laufe der Zeit immer mehr zu dem Hund entwickelte, wie wir ihn heute kennen. Der Wolf wurde domestiziert, lernte es, menschliche Nahrung zu verdauen, und erwarb eine neue Sprache für die Verständigung mit den humanen Begleitern: das Bellen. Das geschah – die Wissenschaft streitet noch – in einem Zeitfenster zwischen etwa 15 000 und 100 000 Jahren vor unserer Zeitrechnung.

Die Teamarbeit beim Beutemachen funktionierte über Jahrtausende und bis heute – wobei die Zusammenarbeit auf der Jagd im Laufe der letzten beiden Jahrhunderte eindeutig an Bedeutung verlor. Nur noch der kleinere Teil aller Haushunde arbeitet in der Abteilung Jagd – in der Moderne traten andere Aufgaben in den Vordergrund. Zumindest für die menschliche Seite ist nicht mehr die größere Beute der entscheidende Aspekt, sondern die psychische Befindlichkeit. Viele Hunde dienen heute einfach als Gefährten, manchmal auch als Ersatz für ein eigenes Kind oder den Partner – aus Jagdgefährten und Gebrauchshunden wurden vielfach Freunde auf vier Pfoten und emotionale Helfer.

DIE (WICHTIGSTEN) WILDEN VERWANDTEN

Alle unsere Hunde gehören zur gleichen Art: Canis lupus familiaris. Sie stellen eine Unterart des Wolfes dar, Canis lupus. Die Verwandtschaft ist so eng, dass sich die meisten Hunde heute noch mit Wölfen kreuzen ließen.

Der Eurasische Grauwolf (Canis lupus lupus) ist der gemeinsame Vorfahre aller Hunderassen. Grauwölfe gibt es in der gesamten nördlichen Hemisphäre des Planeten. Angepasst an den Lebensraum zeigt ihr Fell die Farben Grau, Schwarz, Braun und Weiß oder eine Mischung davon. Dieser Wolf zählt nicht zu den gefährdeten Arten.

Der Arabische Wolf (Canis lupus arabs) unterscheidet sich vor allem durch sein kurzhaariges Fell, das ihm das Überleben in den Wüsten des Nahen Ostens möglich macht. Er ist stark bedroht. Mittlerweile werden seine Populationen dem Eurasischen Wolf zugeordnet.

Der Arktische Wolf (Canis lupus arctos) verfügt über ein dichtes weißes Fell zum Schutz gegen die Kälte. Die Ohren, die Nase und die Beine sind etwas kürzer als bei der grauen Art – ebenfalls ein Schutz gegen die Kälte und eine schnelle Auskühlung.

Der Kojote (Canis latrans), auch Präriewolf oder Steppenwolf genannt, ist von etwas kleinerer Statur. Kojoten leben in größerer Nähe zu den Menschen als andere Wölfe. Sie kommen von Mittelamerika bis in den Norden Kanadas vor und leben von frischer Beute, aber auch von Aas.

Schakal ist eine Sammelbezeichnung für mehrere Arten von Wildhunden der Alten Welt. Der Schwarzrückenschakal (Canis mesomelas) und der auch in europäischen Gebieten verbreitete Goldschakal (Canis aureus) zählen dazu. Sie leben als Raubtiere, aber auch als Aasfresser wie der Kojote.

Der Australische Dingo (Canis lupus dingo) ist kein Vorfahre unserer Hunde, sondern vielmehr eine Wildtierart, die aus Hunden hervorgegangen ist, die vor Jahrtausenden nach Australien eingewandert und dort verwildert sind. Dingos leben heute als völlig unabhängige Wildtierart. Sie ernähren sich von Frischfleisch und jagen – je nach Größe der Beute – einzeln oder in kleinen Rudeln.

Der Rothund (Cuon alpinus) wird auch **Asiatischer Wildhund** genannt. Er lebt in den Wäldern und Steppen Russlands, im Himalaya und in südlicheren Regionen Asiens. Rothunde jagen ihre Beute in Rudeln.

Der Rotfuchs (Vulpes vulpes) ist der am meisten verbreitete Wildhund. Füchse kommen auf der gesamten Nordhalbkugel vor, aber auch in Australien. Rotfüchse sind in der Lage, sich an unterschiedliche Lebensräume anzupassen, und können in Wäldern, Halbwüsten, im Hochgebirge, aber auch in Küstenbereichen leben. Neben dem Rotfuchs gibt es in Nordamerika andere Unterarten, zum Beispiel den kleineren Kitfuchs oder den Swiftfuchs.

Der Polarfuchs, Schneefuchs oder **Eisfuchs** (Vulpes lagopus) ist eine Wildhundart der nördlichen Polarregion. Polarfüchse können die Farbe ihres Pelzes passend zur Jahreszeit wechseln. Während sie im Winter über ein dichtes und langhaariges Fell verfügen, können sie im Sommer mit anderen Fuchsarten verwechselt werden, denn ihr Fell ist dann braun mit hellbeigen Flanken und einer ebensolchen Unterseite.

Der Fennek oder **Wüstenfuchs** (Vulpes zerda) hat sich an das Leben in der Wüste angepasst. Die kleinste Wildhundart kann zum Beispiel den Wärmehaushalt ihres Körpers über die großen Ohren regulieren. Auch die Ernährungsweise als Allesfresser kommt einer so lebensfeindlichen Umwelt entgegen, wie sie zum Beispiel die Sahara darstellt.

Der Löffelhund (Otocyon megalotis) spürt mit seinen großen Ohren unterirdische Insekten, meist Termiten, auf, von denen er sich ernährt. Löffelhunde leben in der afrikanischen Savanne.

Der Insel-Graufuchs (Urocyon littoralis), auch **Kanalinselfuchs** genannt, ist kaum größer als ein Fennek, ein Wüstenfuchs. Im Englischen wird diese Tierart *tree fox* genannt, weil sie – äußerst ungewöhnlich für eine Wildhundart – auch auf Bäume klettert und dort ihr Lager einrichtet. Insel-Graufüchse leben nur auf einigen Inseln vor der Küste Kaliforniens.

Der Marderhund (Nyctereutes procyonoides) weist Ähnlichkeiten mit einem Waschbären auf, ist aber nicht mit ihm oder anderen Kleinbären verwandt. Auch zu den Mardern gibt es aus biologischer Sicht keine Verbindung. Das in unseren Breiten aus Asien zugewanderte Tier zählt tatsächlich zu den Hundeartigen und den Füchsen. Es hat in mitteleuropäischen Ökosystemen eine Lücke gefunden.

Und die Hyäne, die zur Ordnung der Raubtiere (Carnivora) gehört? Sie erinnert zwar in ihrem Habitus an einen Hund, und man könnte in ihrem natürlichen Lebensraum eine Verwandtschaft zum Afrikanischen Wildhund vermuten, letztlich wird sie aber der Unterordnung der Katzenartigen (Feliformia) zugeschrieben. Sie ist mit den Schleichkatzen verwandt.

WIE NENNT MAN DEN HUND ANDERSWO AUF DER WELT?

Alles ist ganz anders – es gibt Regionen in der Welt, da würde man nicht im Entferntesten an einen Hund denken, wenn man das Wort hört, das man dort verwendet, um das Haustier zu benennen. Noch schwieriger wird es, wenn der Name für den Hund geschrieben wird, umso mehr, wenn man eine Schrift benutzt, die mit der unsrigen nicht viel gemeinsam hat.

Wie sagt man Hund in europäischen Sprachen?

Albanisch	qen
Baskisch	txakur
Bosnisch	pas
Bulgarisch	куче
Dänisch	hund
Englisch	dog
Estnisch	koer
Finnisch	koira
Französisch	chien

Galicisch	can
Griechisch	σκύλος
Irisch	madra
Isländisch	hundur
Italienisch	cane
Jiddisch	טנוה
Katalanisch	gos
Kroatisch	pas
Lettisch	suns
Litauisch	šuo
Maltesisch	kelb
Mazedonisch	куче
Niederländisch	hond
Norwegisch	hund
Polnisch	pies
Portugiesisch	cão
Rumänisch	câine
Russisch	собака
Schwedisch	hund
Serbisch	пас
Slowakisch	pes
Slowenisch	pes
Spanisch	perro
Tschechisch	pes
Ukrainisch	собака

Ungarisch	kutya
Walisisch	ci
Weißrussisch	сабака

Wie sagt man Hund in asiatischen Sprachen?

Armenisch	շուն
Aserbaidschanisch	it
Bengalisch	কুকুর
Birmanisch	ခွေး
Chinesisch (traditionell)	狗
Georgisch	ძაღლი
Gujarati	કૂતરી
Hindi	कुत्ता
Hmong	aub
Japanisch	犬
Kannada	ನಾಯಿ
Kasachisch	ит
Khmer	សត្វឆ្កែ
Koreanisch	개
Lao	ໝາ
Malayalam	നായ്
Marathi	कुत्रा
Mongolisch	нохой

Nepalesisch	कुकुर
Singhalesisch	බල්ලා
Tadschikisch	car
Tamil	நாய்
Telugu	కుక్క
Thailändisch	สุนัข
Türkisch	köpek
Urdu	کتے
Usbekisch	it
Vietnamesisch	chó

Wie sagt man Hund im Nahen Osten?

Arabisch	بلك
Hebräisch	בלכ
Persisch	کس

Wie sagt man Hund in Afrika?

Afrikaans	hond
Chichewa	galu
Hausa	kare
Igbo	nkịta
Sesotho	ntja

Somali	eyga
Suaheli	mbwa
Yoruba	aja
Zulu	inja

Wie sagt man Hund in austronesischen Sprachen?

Cebuano	iro
Filipino	aso
Indonesisch	anjing
Javanisch	asu
Malagasy	alika
Malaysisch	anjing
Maori	kuri

Wie sagt man Hund in anderen fremden Sprachen?

Esperanto	hundo
Haitianisch	chen
Lateinisch	canis

HUNDE AM STERNENHIMMEL

Auch im All hinterlassen Hunde ihren Abdruck, allerdings ist er nicht so einfach zu finden und zu deuten wie die Spur am Boden. Nicht alle Mitglieder des Tierkreises sind animalische Wesen – Wassermann, Zwillinge, Waage, um nur einige Ausreißer zu nennen –, dennoch ist das Firmament in seiner Gesamtheit relativ oft tierisch bestückt, bei den chinesischen Tierkreiszeichen sogar in Gänze. Neben Delfin, Schlange, Drache und Schwan (dazwischen auch noch eine Luftpumpe) konnten sich auch einige Hunde am nächtlichen Himmel einen Platz verschaffen.

Den Himmelsjäger Orion begleiten zwei kleinere Sternbilder, seine treuen Gefährten, der **Große Hund** (Canis Major) und der **Kleine Hund** (Canis Minor). Ungewöhnlich für Jagdhunde: Stets folgen sie ihrem Herrn, denn sie gehen zeitlich nach ihm am Himmel auf, der Große Hund folgt dem Kleinen Hund. Zum Sternbild Großer Hund gehört der hellste Stern des Himmels – Sirius, auch **Hundsstern** genannt, ein Doppelstern mit einem leuchtstarken und einem schwächeren Partner. Auch der Kleine Hund enthält einen leuchtstarken Stern – **Procyon,** immerhin der achthellste Stern am Nachthimmel, ebenfalls ein Doppelstern. Der Name Procyon bedeutet »vor dem Hund« – er bezieht sich auf den Hundsstern Sirius, der nach Procyon am Himmel erscheint. Übrigens: Sirius ist mit »nur« 8,6 Lichtjahren Entfernung einer der nächsten Nachbarsterne unserer Sonne.

Das Sternbild **Jagdhunde** enttäuscht alle Hundefreunde durch seine Unauffälligkeit. Nur zwei relativ helle Sterne gehören dazu, ein dritter besitzt nur wenig Helligkeit. Die Jagdhunde sind erst seit 1690 ein eigenständiges Sternbild, dort wurden sie erstmals im Himmelsatlas von Johannes Hevelius dokumentiert. Die Hunde des Himmelsjägers Orion ziehen sicherlich mehr Blicke auf sich.

DIE ZUCHTRASSEN

»Der Mops ist der lebende Beweis dafür, dass Gott
einen Sinn für Humor hat.«

Margo Kaufman, Autorin

ERKENNST DU SIE ALLE?

Die Auflösung findest du ab Seite 153

Unter den Zuchtrassen versteht man die Variationen der Hunde, die menschliche Züchter im Laufe der Zeit durch Zuchtwahl geschaffen haben. Es werden immer genau die Tiere nachgezüchtet, die die gewünschten Qualitäten in besonders ausgeprägter Form zeigten. Sie unterscheiden sich manchmal deutlich von den in der Natur vorkommenden Spielarten, tragen deren körperliche Eigenschaften entweder gar nicht oder in verstärkter Form und sind vor allem aus einem Grund zu dem gemacht worden, was sie sind: um den Menschen zu gefallen.

Beim Haustier Hund ist die Variabilität in Körpergröße und Form sogar noch größer als bei den Katzen. Durch die Zucht haben sich ausgesprochen überraschende Varianten in Körpergröße, Farbe, Fellbeschaffenheit und Fellzeichnung, Augenfarbe und Kopfform sowie bei weiteren körperlichen Ausformungen herausgebildet. Aber auch hier gilt: Der züchtende Mensch sollte seine Ziele überprüfen und seine Grenzen kennen – nicht alle Züchter kennen sie.

Man schätzt, dass es etwa 500 Millionen Hunde auf der Welt gibt, eine Zahl, die vermutlich deutlich zu niedrig eingeschätzt wurde. Überschaubarer ist die Zahl der Hunderassen – je nach Züchtervereinigung und Land wird sie im Hunderterbereich angegeben. Die Fédération Cynologique Internationale (FCI), der größte kynologische Dachverband, benannte 2021 insgesamt 346 unterschiedliche Hunderassen. Jede einzelne davon zu benennen würde den Rahmen dieses Buches sprengen – deshalb an dieser Stelle nur eine großzügige Übersicht aus der Perspektive eines interessierten, aber laienhaften Hundeliebhabers, allerdings auf der Basis der Einteilung des Züchterverbands.

Hütehunde und Treibhunde

Zu dieser Gruppe zählen ursprünglich zum Hüten von Nutztierherden eingesetzte Hüte- und Treibhunde. Ihre Aufgabe ist es, die Bewegungen einer Herde zu lenken und diese zusammenzuhalten. Die prominentesten Vertreter in dieser Gruppe sind der **Deutsche** und der **Belgische Schäferhund,** der **Bobtail,** der **Border Collie** sowie die ungarischen Hunderassen **Kuvasz, Puli** und **Komondor.** Zu den Treibhunden werden gerechnet der **Bouvier des Ardennes,** die **Schweizer-Sennenhund-Rassen** und der **Australian Cattle Dog.**

Nicht zu dieser Gruppe werden reine Herdenschutzhunde gezählt, deren ausschließliche Aufgabe es ist, die Herdentiere gegen die Angriffe von Wölfen und Bären zu verteidigen oder menschliche und auch tierische Angreifer durch ihre schiere Größe abzuschrecken.

Pinscher und Schnauzer

In der allgemeinen Wahrnehmung werden Pinscher eher für lachhafte und alberne Hündchen gehalten, die Oma an der Leine mit sich führt – das Wort Pinscher ist nicht von ungefähr ein abfälliges Wort für einen nicht besonders beeindruckenden Menschen. Wenn man weiter nachforscht, stellt sich allerdings heraus, dass der **Dobermann,** die **Deutsche Dogge,** der **Boxer** und der **Bernhardiner,** der **Mastiff,** der **Neufundländer,** der **Riesenschnauzer** und der **Rottweiler** dieser Gruppe zugerechnet werden, allesamt beeindruckend große Hunde mit kraftvollem Körperbau. Im Alphabet beenden **Zwergschnauzer** und **Zwergpinscher** die Liste, beides sehr aktive und mutige Hunde.

Terrier

Als ausgesprochen lebhafte, unerschrockene und mutige Tiere gelten auch die verschiedenen Terrier-Rassen. Viele wurden und werden zur Jagd eingesetzt, wie der **Deutsche Jagdterrier** und der **Border Terrier.** Als beliebte Haushunde vergangener Jahrzehnte gelten der **Jack Russell Terrier** und der **Foxterrier** (übrigens ein äußerst erfolgreicher Rattenjäger, aber nicht als Schoßhund geeignet) – und der **Yorkshire-Terrier** wegen seines Niedlichkeitsfaktors und seiner handlichen Größe.

Dackel

Eine Sonderstellung nimmt der **Dackel** ein, in der Jägersprache auch **Teckel** genannt. Er wurde und wird bei der unterirdischen Jagd auf Dachse und Marder eingesetzt und auch heute noch zu diesem Zweck gezüchtet. Der Großteil aller Dackel allerdings hat die Aufgabe eines Begleithundes übernommen und wird nicht mehr jagdlich genutzt.

Spitze

Der **Deutsche Spitz** war früher ein weitverbreiteter Haushund, der aber an Beliebtheit verloren hat. Ähnlich erging es **Wolfsspitz** und **Zwergspitz**. Noch relativ weitverbreitet ist der **Chow-Chow**. Im Zusammenhang mit der Begeisterung für Urlaubsreisen in nördliche und arktische Gebiete haben nordische Rassen wie **Samojede** (benannt nach den samojedischen Völkern Sibiriens), **Alaskan Malamute, Grönlandhund** und **Husky** viele menschliche Freunde gewonnen.

Laufhunde und Schweißhunde

Zu dieser Gruppe gehört eine Vielzahl von Hunderassen, die alle in bestimmter Weise, nämlich in einer Meute, zum jagdlichen Einsatz kamen und auch heute noch kommen. Sie verfolgen auf Treibjagden fliehendes Wild oder nehmen seine Spur auf, um den Jäger zu seiner verletzten Beute zu führen. Am bekanntesten dürften **Basset, Beagle** und **Bloodhound** sein, aber auch die **Deutsche Bracke, die Westfälische Dachsbracke** und der **Rhodesian Ridgeback** kamen in dieser Weise zum Einsatz. Mittlerweile sind Hetzjagden auf Tiere in Deutschland aus Gründen des Tierschutzes verboten. Beim Jagdreiten verfolgen die Hunde in der Meute aber eine künstlich gelegte Duftspur.

Vorstehhunde

Diese Hunde unterschiedlicher Rassen unterstützen den Jäger beim Erlegen seiner Beute. Wenn sie ein Stück Wild gefunden haben – meist dank ihres großartigen Geruchssinns – beziehen sie reglos vor dem Beutestück Position und zeigen so dem Jäger an, dass er Beute machen kann. Der Jäger muss nur noch den Schuss vorbereiten, im Regelfall aber auch die Beute selbst aufscheuchen, weil der klassische Vorstehhund »vor der Beute steht« und diese nicht angreift, anbellt oder gar verfolgt. Diese spezielle Befähigung wurde manchen Jagdhundrassen in vielen Generationen angezüchtet. Als Vorstehhunde eignen sich unterschiedliche **Bracken,** die Rassen **Deutsch Drahthaar, Deutsch Kurzhaar, Deutsch Langhaar, Deutsch Stichelhaar, English Pointer** und **English Setter,** der **Französische Vorstehhund,** der **Gordon Setter,** der **Weimaraner,** der **Große** und der **Kleine Münsterländer** und viele andere mehr.

Apportierhunde

Im Englischen bezeichnet man sie als Retriever – diese Apportier- oder Stöberhunde finden geschossenes Nieder- oder Federwild (auch im Wasser) und bringen es zum Jäger. Einige wenige Rassen sind offiziell als Retriever anerkannt, doch viel wichtiger als diese jagdliche Aufgabe ist mittlerweile die Rolle als Familienhund: der **Golden Retriever** und der **Labrador Retriever** begleiten heute viele Menschen durch die Jahre ihrer Kindheit.

Gesellschafts- und Begleithunde

Sie sind keine Gebrauchshunde, sondern dienen ganz allgemein dem Menschen als Gesellschaft. Sie beeindrucken durch ihr gesamtes Aussehen, das bei einigen Züchtungen aber auch ins Mitleiderregende oder Kuriose gehen kann. Reine Kuscheltiere sind **Bichon Frisé** und **Bologneser,** der **Boston Terrier,** die **Französische Bulldogge** und der **Mops.** Als kleinster Hund der Welt gilt der mexikanische **Chihuahua,** ein skurriles Erscheinungsbild zeigt der **Chinesische Schopfhund,** ein ausgefallenes Haarkleid wiederum kennzeichnet den **Griffon Bruxellois.** Der **Lhasa Apso,** der **Tibet-Terrier,** das **Löwchen** und der **Pekinese** leiden unter angezüchteten Atemproblemen (unter anderem sogenanntes Rückwärtsniesen). Eine Vielzahl gesundheitlicher Probleme quälen leider auch den sehr intelligenten **Pudel.**

Windhunde

Auch sie wurden ursprünglich für die Jagd gezüchtet, konnten sie doch selbst gesundes Wild im freien Lauf einholen und ergreifen. Windhunde zählen zu den schnellsten Säugetieren nach den Geparden. Neben dem Einsatz bei Hunderennen – aus der Jagd wurde ein Sport – werden sie auch als elegante Begleithunde geschätzt, oft ohne Berücksichtigung dessen, was für diese Hunde unerlässlich ist: viel Auslauf!

Der **Afghanische Windhund** kommt aus dem arabischen Raum und hat seinen Ursprung in ferner Vergangenheit. Seit mehr als

4000 Jahren wurden dort ähnliche Hunde gezüchtet. Oft kamen Afghanische Windhunde bei sogenannten Beizjagden zum Einsatz, also bei Jagden mit abgerichteten Greifvögeln. Der **Azawakh,** auch Tuareg-Windhund genannt, wird von den Nomaden der Sahelzone als Jagd-, Wach- und Schutzhund gehalten. Der russische Windhund **Barsoi** war bei den Jagden von Großgrundbesitzern in Verwendung, der **Deerhound** diente dem schottischen Adel als Begleithund und, wie der Name schon vermuten lässt, als Helfer bei der Hirschjagd. Der britische **Greyhound** hat eine lange Geschichte, die in ferner Vergangenheit bei den Kelten beginnt und bis heute in die Arenen der beliebten Hunderennen reicht. Der zweite Windhund, der für diese Sportart besonders häufig zum Einsatz kommt, ist das **Whippet,** eine kleine, leichte Rasse, die ursprünglich für die Kaninchenjagd britischer Bergleute gezüchtet wurde. Irlands Adel hingegen jagte mit dem **Irischen Wolfshund** – eine der größten Hunderassen überhaupt – Wölfe und Großwild.

DIE SPUR DES HUNDES

Allzu oft fällt sie einem nicht ins Auge – nur wenn es geschneit hat oder wenn der Hund aus dem Regen kommt und feuchte Tapser auf dem Fußboden zurücklässt: Die Spur des Hundes erkennt man nicht auf den ersten Blick, weil sie niemand beachtet und weil sie anderen Tierspuren manchmal ähnlich sieht. Können Sie sagen, welche dieser Spuren von einem Hund stammt?

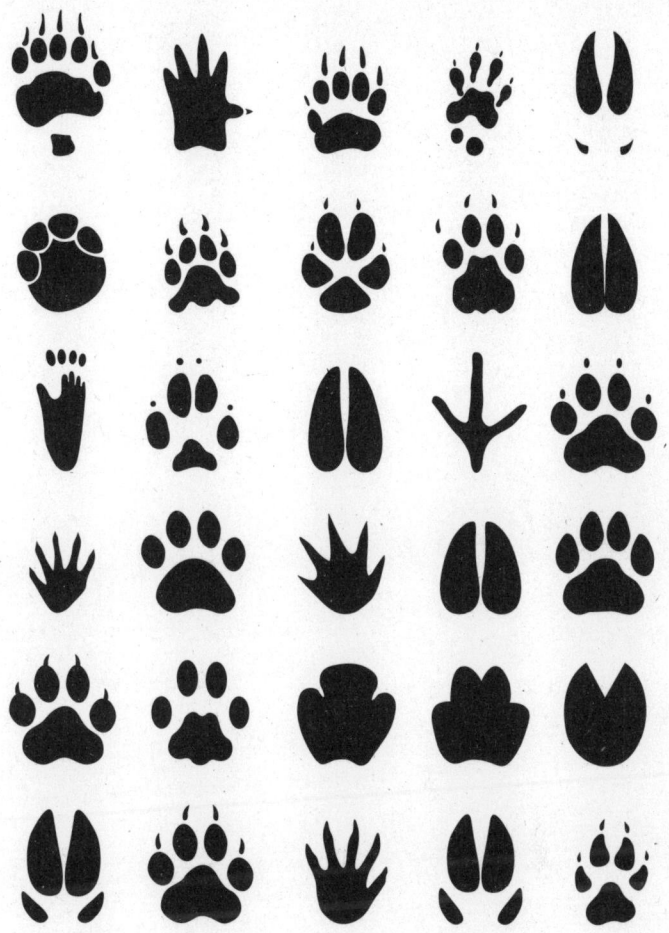

Und wer hat die anderen hinterlassen? Die Lösungen gibt es auf Seite 155.

INTELLIGENTE HUNDE?

»Dog is God spelled backwards.«

Julia Cameron, Lehrerin und Schriftstellerin

Was heißt das eigentlich, intelligent sein? Schon bei uns Menschen wissen wir nicht so genau, was Intelligenz ist. Kann man, was Hunde betrifft, eine deutlich einfachere Definition von Intelligenz festlegen als für die Qualitätsmessung menschlicher Gehirne? Sicher würde Border Collie Rico (1994–2008) zu den intelligenten Hunden zählen, denn die Leistung, die er 1999 in der Quizshow *Wetten, dass..?* zeigte, übertraf die Möglichkeiten mancher Menschen: Rico bewies, dass er 77 Wörter den jeweiligen Spielzeugen zuordnen konnte – und mehr noch: die bezeichneten Gegenstände auf Kommando in einem Nebenraum auswählen und herbeiholen konnte. Auf dem Höhepunkt seiner Kunst schaffte es der Hund, 250 Gegenstände zu unterscheiden.

Wer so etwas gesehen hat, wird die Zuordnung zu einer »Intelligenzkategorie« möglicherweise sofort unterschreiben: »Border Collies sind besonders schlau.« Andere wiederum glauben zu wissen: »Windhunde sind dumm.«

Unterscheiden sich die Hunderassen in Sachen Intelligenz? Welche Rolle spielt der einzelne Hund? Der Idee von der Intelligenz je nach Rasse hat Professor Stanley Coren mit seinem Buch *Die Intelligenz der Hunde* deutlichen Nachdruck verliehen. Seine Rangliste stellt aber keine Charts im herkömmlichen Sinne dar. Die Daten für seine Aussage über die intellektuellen Fähigkeiten von Hunden bezieht Coren aus einer Umfrage unter Preisrichtern von Hunde-Gehorsamswettbewerben. Die Aufgabe der Juroren: Benennen Sie die zehn Hunderassen, die Sie für besonders dumm, und die zehn Rassen, die Sie für besonders schlau halten. Die Einordnung basiert auf 199 Antworten. Zu den besonders klugen Rassen zählt Stanley Coren:

- Border Collie
- Pudel
- Deutscher Schäferhund
- Golden Retriever
- Dobermann Pinscher
- Shetland Sheepdog
- Labrador Retriever
- Papillon
- Rottweiler
- Australian Cattle Dog

Hunde dieser Arten lernen schnell, setzen auch neue Kommandos in kurzer Zeit um und sind ein großer Gewinn vor allem für unerfahrene und selbst nicht sonderlich begabte Hundehalter.

Im großen Mittelfeld der Intelligenz finden sich (eine Auswahl):

- Schnauzer Mini
- Belgischer Schäferhund
- Pointer
- Cocker Spaniel
- Weimaraner
- Berner Sennenhund
- Yorkshire-Terrier
- Airedale / Bouvier des Flandres

- Gordon Setter
- Dalmatiner
- Foxterrier
- Irischer Wolfshund
- Kuvasz
- Husky
- Boxer
- Deutsche Dogge
- Dachshund
- Staffordshire Bullterrier
- Rhodesian Ridgeback
- Irish Terrier
- Skye Terrier
- Mops
- Französische Bulldogge
- Old English Sheepdog (Bobtail)
- Scottish Terrier
- Bernhardiner
- Bullterrier
- Chihuahua
- Bullmastiff

Als besonders »begriffsstutzig« hingegen wurden nach Professor Coren ermittelt:

- Shih Tzu
- Basset Hound
- Mastiff/Beagle

- 🐕 Pekinese
- 🐕 Bloodhound
- 🐕 Barsoi
- 🐕 Chow-Chow
- 🐕 Bulldogge
- 🐕 Basenji
- 🐕 Afghane

Um einen Befehl zu erlernen, den die Intelligenzelite der klügsten Zehn im ersten oder zweiten Anlauf begriffen hat, benötigen diese Hunderassen oft dreißig bis vierzig Wiederholungen – da kann Herrchen schon mal verzweifeln.

Zu Ihrem Hund passen die hier wiedergegebenen Aussagen nicht? Hier liegt der Hauptkritikpunkt an der Arbeit von Stanley Coren: Bei solchen Untersuchungen sollte die Individualität der Tiere stärker berücksichtigt werden, statt pauschale Rasseaussagen für allgemeingültig zu erklären. Auch ein Yorkshire-Terrier oder ein Chow-Chow könnte womöglich der Einstein unter den Hunden sein.

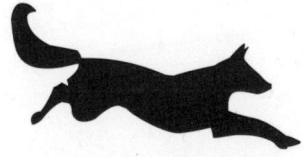

HUNDE, DIE SICH EINEN NAMEN MACHTEN

»Hunde leben nur in der Gegenwart,
haben keine Angst vor der Zukunft
und hadern nicht mit der Vergangenheit.«
Amy Tan, Schriftstellerin

Bei den Hunden verhält es sich wie bei den Menschen – einige führen ein stilles, unauffälliges Leben und hinterlassen nur eine schmale Fährte auf ihrem Lebensweg. Andere treten durch bemerkenswerte Taten oder aufgrund bemerkenswerter Umstände hervor oder sind im kulturellen Bewusstsein des Menschen verankert und treten so eine breitere Spur als viele ihrer Artgenossen. Was die Gattung Canis mangels Schriftsprache nicht für alle Zeiten sichern kann, hält der Homo sapiens für sie fest.

BERÜHMTHEITEN

Wie auch in der Historie des Menschen gibt es unter den Hunden solche, die durch ihre Erscheinung oder ihre Leistung die Masse überragen. Nicht immer muss ein solcher Hund der Schnellste, Größte oder Klügste seiner Art sein. Manchmal genügt es auch, als Erster auf dem Schauplatz der Geschichte zu erscheinen oder ein berühmtes Herrchen oder Frauchen zu haben.

Abutiu – Es ist nicht überliefert, zu welcher Rasse dieses königliche Haustier gehörte, dessen Lebensspanne irgendwann zwischen 2504 und 2216 v. Chr. lag und das in Ägypten mit dem Schwanz wedelte. Bei Abutiu handelt es sich um den ältesten namentlich bekannten Haushund der Welt. Dass wir von ihm Kenntnis haben, verdankt das Tier einem damals herrschenden Pharao der fünften oder sechsten Dynastie, der nach Abutius Ableben für ein zeremonielles Begräbnis in einem eigenen Grab in der Nekropole von Gise sorgte, möglicherweise weil ihm Abutiu zu Lebzeiten ein treuer Gefährte war.

Barry – Er war einer der großen Berghunde, die zwischen 1800 und 1814 am 2469 m hohen Großen Sankt Bernhard viele Menschenleben retteten und Reisende vor dem weißen Tod in einer Gletscherspalte oder Lawine bewahrten. Die Mönche eines im 11. Jahrhundert gegründeten Hospizes, wie Schutzhütten in der Schweiz genannt werden, richteten seit der Mitte des 17. Jahrhunderts Begleit- und Rettungshunde ab, um in Schnee und Nebel verirrten Reisenden helfen zu können. In vielen europäischen Ländern bekannt wurden die Hunde vom Sankt Bernhard, als Napoleon Bonaparte mit seinen Truppen 1800 den Pass überquerte und Nachrichten über diese Hunde in zahlreichen Chroniken und Berichten verbreitet wurden. Anfangs gehörten die Hunde noch unterschiedlichen Rassen an, erst gegen Ende des 19. Jahrhunderts – auf einem internationalen Kynologen-Kongress am 2. Juni 1887 in Zürich – definierten Züchterverbände die genauen Eigenschaften der Rasse des Bernhardiners, der damit zum Schweizer Nationalhund wurde.

Barry rettete zwischen 1800 und 1812 auf der Passhöhe über 40 Menschen das Leben, ihm verdanken diese Berghunde ihren legendären Ruf. Zum Dank erhielt der erste Barry ein besonderes Denkmal auf dem berühmten Hundefriedhof in Paris. Auch heute noch gibt es immer einen Hund namens Barry im Hospiz am Sankt Bernhard. Der Original-Barry wurde 1815 im Naturhistorischen Museum von Bern ausgestellt, wo noch heute eine Dauerausstellung zu seinen Ehren besucht werden kann.

Brown Dog – Der Terrier-Mischling wurde Anfang des 20. Jahrhunderts zum Symbolhund für die Tierrechtsbewegung. Er fiel wie Hunderte seiner Artgenossen mitleidlosen Tierversuchen zum Opfer. Teilnehmerinnen einer solchen Lehrveranstaltung mit Untersuchungen am lebenden Tier waren 1903 schwedische Tierrechtsaktivistinnen, darunter Louise Lind-af-Hageby und Liesa Schartau. Sie protokollierten am renommierten University College London eine Vivisektion der britischen Physiologen William Bayliss und Ernest Starling und veröffentlichten einen Bericht darüber. Das führte in der Folgezeit zur massiven Konfrontation zwischen den Befürwortern von Versuchen am lebenden Tier und den Gegnern, die bis zu Straßenschlachten eskalierten. Zeitzeuge der Geschehnisse ist heute noch eine Statue des »Brown Dog« im Londoner Battersea Park, die 1985 von Gegnern der Vivisektion gestiftet wurde.

Der Torfhund von Burlage – Ein Zeuge aus der Geschichte ist die Mumie eines Tieres, dessen Lebenszeit nach neueren Untersuchungen zwischen 1477 und 1611 datiert wird. Gefunden wurde der Körper eines mumifizierten Haushundes 1953 im Klostermoor II im Rhauderfehner Ortsteil Burlage im Landkreis Leer (Ostfriesland). Der etwa 70 cm lange Torfspitz (Canis palustris, Canis familiaris palustris Rütimeyer) war noch nicht ganz ausgewachsen. Den Fund verdankt die Wissenschaft dem Torfstecher

Hermann Albers, seine Rettung und Bergung gelang mithilfe des Bockhorster Lehrers Lohr. Später war der Hund aus dem Moor in einer Wanderausstellung zu besichtigen.

Alcmène – Die Windhündin war einer der Lieblinge des preußischen Königs Friedrich II., wurde auf den Sitzmöbeln des Palastes geduldet und durfte sogar im Bett des Königs schlafen. Er schätzte sie wegen ihrer Menschenkenntnis. Wen sie schwanzwedelnd begrüßte, der hatte beste Aussichten bei Hofe. Als Alcmène erkrankte und verstarb, während der König auf Reisen war, ließ der Monarch die Hündin sogar exhumieren, um sich trauernd von ihr verabschieden zu können.

Ali und Rubi – Die beiden Spitze zählten zwischen 1891 und 1921 zu den Haushunden des württembergischen Königs und deutschen Kaisers Wilhelm II. und begleiteten ihn täglich auf seinen Spaziergängen.

Spitze waren über lange Jahrzehnte äußerst beliebt; Michelangelo und Königin Victoria von England gehörten ebenso zu den Freunden dieser Rasse. Auch Wolfgang Amadeus Mozart (Spitz »Pimperl«), die Schriftsteller Adalbert Stifter (»Putzi«) und Jean Paul (»Spitzius Hofmann«) und der Maler Ludwig Richter schätzten die kleinen, klugen Hunde. Religionsreformer Martin Luther bewunderte seinen Spitz »Belferlein« wegen seiner Konzentration auf eine einzige Sache: »O, daß ich so beten könnte, wie der Hund auf das Fleisch kann sehen! Seine Gedanken stehen allein auf das Stück Fleisch, sonst denkt, wünscht, hofft er nichts.« Er versprach dem Tier sogar einen Platz im Himmel.

Dash – Der King Charles Spaniel war zwischen 1830 und 1840 Haushund am Hofe von Königin Victoria und wurde mehrfach – mit oder ohne seine Herrin – von Malern porträtiert, unter anderem von James Ward.

Erdmann – Der Kurzhaardackel begleitete den Monarchen Wilhelm II. zwischen 1890 und 1901 regelmäßig und war sozusagen sein Kaiserdackel. Er starb 1901 unter ungeklärten Umständen im Park von Schloss Wilhelmshöhe, wo ihm auch ein Gedenkstein gewidmet ist. Wilhelm ließ ihm eine schwarze Steintafel mit vergoldeter Inschrift setzen. Weitere Dackel im Leben des Kaisers: Hexe, Liesel und Dachs. Im Exil im niederländischen Huis Doorn begleitete ihn die Dackel-Hündin Senta.

Fortuné oder auch **Monsieur Fortuné** (Herr Glücklich) – Der Haushund von Joséphine de Beauharnais (1763–1814), der Ehefrau von Napoleon Bonaparte und Kaiserin der Franzosen, war im 18. Jahrhundert der berühmteste Mops in ganz Frankreich. Laut einer unbestätigten Anekdote soll er Napoleon in der Hochzeitsnacht ins Bein gebissen haben. Zahlreiche weitere Legenden ranken sich um das Leben des rundlichen Modehundes jener Tage, eines Modehundes, der allerdings auch heute wieder nachgefragt ist.

Sultan und **Tyras** – Deutsche Doggen wurden während der Regentschaft von Otto von Bismarck (1815–1898) als »Reichshunde« bezeichnet; er hatte mehrere der riesigen Tiere. Nicht Sultan, sondern eine Dogge namens Tyras sorgte für einen diplomatischen Eklat, als das Tier 1878 während eines Kongresses in Berlin den russischen Außenminister Alexander Gortschakow anfiel und ihm die Hose zerfetzte. Der Diplomatie zwischen den Staaten wird es sicherlich nicht gutgetan haben. Bismarck soll sich übrigens für das Fehlverhalten seines Hundes nicht einmal entschuldigt haben.

Susan – Die Corgi-Dame Susan (1944–1959) war ein Haushund der britischen Königin Elizabeth II. und die Stammmutter ganzer Geschlechter von Corgis und Dorgis, Letztere eine Mischung aus Corgi und Dackel. Das Tier war ein Geschenk für die damalige Prinzessin Elizabeth zu ihrem 18. Geburtstag am 21. April 1944. Corgis begleiteten die spätere englische Königin über 14 Generationen – 2018 verstarb der letzte von 30 reinrassigen Corgis – der Rüde Willow. Ohne Hunde lebt die Queen dennoch nicht – im Januar 2022 wurde ihre Cocker-Spaniel-Dame Wolferton Drama (Rufname Lissy) mit einem Preis ausgezeichnet.

Tongdaeng – Ihr Name bedeutet in der Landessprache Kupfer, und genau das ist die Farbe des Fells der Mischlingshündin, die der thailändische König Bhumibol Adulyadej von der Straße in seinen Palast holte und die von 2008 bis 2015 dort lebte. Bhumibol war offenbar völlig vernarrt in das Tier. Er widmete ihm eine offizielle Briefmarkenausgabe und verfasste eine Biografie über seinen Liebling, die sich besser verkaufte als die örtliche *Harry-Potter*-Ausgabe. Das Buch wurde sogar verfilmt.

HUNDE UND DIE MALEREI

Hunde sind überall im privaten und öffentlichen Leben vertreten. So ist es kein Wunder, dass sie es auch in viele Kunstwerke schaffen, die die menschliche Gesellschaft und ihr Zusammenleben abbilden. Manchmal treten die Menschen in so einem Kunstwerk in den Hintergrund und ein Hund dominiert die Szenerie als Hauptmotiv auf ganz natürliche Weise.

Boodgie und **Stanley** – David Hockneys Hunde, zwei Dackel, müssen sich ausgesprochen wohlgefühlt haben, denn sie wurden 15 bzw. 18 Jahre alt und dienten dem weltberühmten britischen Maler als Motiv für zahlreiche Bilder. In den Jahren 1993 bis 1995 verewigte er seine vierbeinigen Gefährten in einem eigenen Bilderzyklus. Sein Motiv für diese Werke: nach eigener Auskunft Liebe.

Lump – Ein weiterer Dackelfan war Pablo Picasso; sein Dackel Lump starb am 29. März 1973, nur zehn Tage vor seinem Herrn († 8. April 1973). Lump gehörte zunächst dem Fotografen David Douglas Duncan, vertrug sich aber nicht mit dessen Windhund.

Als Duncan Picasso am 19. April 1957 in seiner Villa La Californie in Cannes besuchte, kam es zu einer Art Tauschgeschäft: Picasso bemalte einen Teller mit einem Porträt des Hundes und schenkte ihn dem Fotografen. Lump wiederum hatte ein neues Zuhause gefunden und blieb die nächsten sechs Jahre im La Californie. Das Zusammenleben mit Picassos Boxer Yan und seiner Ziege Esmeralda gestaltete sich erfreulich. Picasso hatte im Laufe der Jahre mehrere Hunde, doch verband ihn mit dem Dackel eine besondere Liebesbeziehung. David Douglas Duncan dokumentierte diesen Sachverhalt bei etlichen Fototerminen mit Lump und Picassos Kindern. Als sich 1964 herausstellte, dass Lump an einer Wirbelsäulenerkrankung litt und seine Hinterbeine nicht mehr benutzen konnte, nahm ihn Duncan mit zurück nach Deutschland und sorgte dafür, dass ihn ein Stuttgarter Tierarzt behandelte. Er konnte zwar nicht geheilt werden, jedoch lebte er noch etliche Jahre – allerdings von Picasso getrennt. Bedingt durch seine Erkrankung bewegte er sich »ein bisschen wie ein betrunkener Seemann«.

Im Werk des großen Malers hat der Dackel neben dem bemalten Teller – heute ein hoch bewertetes Kunstobjekt – weitere Spuren hinterlassen. In 15 von Picassos 44 Studien zu Diego Velázquez' Gemälde *Las Meninas* ist Lump für die Nachwelt festgehalten.

Archie und **Amos** – 1973 wurde Andy Warhol von einem Freund zur Anschaffung eines Hundes überredet – der Pop-Art-Künstler war bis dahin eigentlich ein Katzenmensch. Er und sein erster Hund, Kurzhaardackel Archie, wurden nahezu unzertrennlich.

Archie begleitete ihn in sein Studio, zu Ausstellungseröffnungen und ins »Emilio's Ballato« in New York, wo er oft zum Lunch war. In dieser Zeit weigerte sich der Künstler, nach London zu reisen, weil dies eine Trennung von seinem Hund bedeutet hätte – oder sechs Monate Quarantäne für Archie. Einige Zeit später wurde – vor allem, um Archie Gesellschaft zu leisten – Kurzhaardackel Amos angeschafft. Dies befreite Warhol von der Notwendigkeit, seine Hunde überallhin mitzunehmen – sie hatten jetzt auch zu Hause Beschäftigung und Unterhaltung. Ein Foto, das Warhol 1978 von seinen Dackeln aufnahm, wurde 2020 im Auktionshaus Christie's für fast 5000 Dollar versteigert. Andy Warhol porträtierte im Laufe seiner Karriere zahlreiche Hunde (und Katzen). Zu den skurrilen Werken dürften seine Bildnisse der ausgestopften Dänischen Dogge Cecil gehören.

Riley – Der am 14. Oktober 2017 geborene Weimarer ist angestellt als Museumshund des Museum of Fine Arts in Boston und hat die Aufgabe, die dort gezeigten und gelagerten Kunstwerke und erhaltenswerten Kulturgüter zu schützen – weniger mit Klauen und Zähnen vor Dieben und Vandalen als vielmehr mit seiner unglaublich feinen Nase vor ausgesprochen kleinen Feinden. Er soll Motten, Holzwürmer und andere Schadinsekten, aber auch Pilzsporen aufspüren und den menschlichen Mitarbeitern anzeigen. Von seiner natürlichen Ausstattung her erfüllt Riley alle Voraussetzungen. Er ist intelligent, neugierig, verfügt über einen ausgezeichneten Geruchssinn und hat keinen allzu langen Schwanz, mit dem er Vasen vom Sockel wedeln könnte …

Russi – der Sibirische Schäferhund (* 1910), Haushund von Franz und Maria Marc, wurde fast so bekannt wie das *Blaue Pferd*, hat ihn doch der Maler 1911 als *Liegender Hund im Schnee* porträtiert, für Marc eine Farbstudie, bei der er ein Gleichgewicht zwischen den Gelbtönen des Felds und dem kalten Weiß des Schnees finden musste. Heute ist das 62,5 × 105,0 cm große Bild im Stedelijk Museum in Amsterdam zu besichtigen. 2008 wählten die Besucher des Museums Russis Abbild zu ihrem Lieblingsbild.

Tama – Freunde hatten den Hund von einer Japanreise mitgebracht, Édouard Manet malte ihn etwa 1875. Das 50 × 61 große Gemälde befindet sich in der Sammlung der National Gallery of Art in Washington, D. C. Tama war offenbar ein gefragtes Modell jener Tage, denn auch Auguste Renoir bannte den kleinen Hund 1876 auf die Leinwand.

HUNDE IN DER LITERATUR

Ob als Hauptakteure oder sinnstiftende Nebenfiguren – Hunde spielen seit vielen Hundert Jahren in den Erzählungen und Geschichten von Menschen eine Rolle. Ob kluge Fabel oder großes Drama, ob Roman oder kurzweilige Posse – oft sind es Hunde, die den Inhalt transportieren oder auf einer symbolischen Ebene Erkenntnisse übermitteln. Und in manchen Fällen sind sie auch selbst der Protagonist eines großen literarischen Werks.

Krambambuli – Marie von Ebner-Eschenbachs *Krambambuli* von 1883 schildert den existenziellen Kampf zwischen Förster und Wilderer. Zentral im Geschehen: der Hund Krambambuli, zuerst der Begleiter des Wilderers, danach als der Jagdhund des Försters in einer tödlichen Loyalitätskrise …

Der Hund von Baskerville – Arthur Conan Doyles dritter Sherlock-Holmes-Roman, eine Mischung aus Mystery- und Kriminalroman über den rätselhaften Tod von Sir Charles Baskerville, einem Adligen aus Devonshire, und einen ebenso geisterhaften wie legendären schwarzen Hund, der dabei eine Rolle spielt.

A Dog's Tale – Die Hundeheldin des Romans, den Mark Twain 1903 verfasste, rettet das Baby ihres Besitzers, der aber keinen Dank kennt und ohne Skrupel einen der Welpen der Hündin für Tierversuche zur Verfügung stellt, der dadurch zu Tode kommt. Das Buch stellt ein eindrucksvolles Plädoyer für den humanen Umgang auch mit nicht humanen Lebewesen dar.

Wolfsblut – Kaum ein Schriftsteller hat in so eindrucksvoller Weise Hunde ins Zentrum seiner Erzählungen gestellt wie Jack London, der darin eigene realistische Erfahrungen zu Zeiten des Goldrausches in Alaska verarbeitet. In *Wolfsblut* schildert er die abenteuerliche Entwicklung eines Wolfshybriden – kaum zu glauben – zu einem Familienhund. Es geht um den Zwiespalt zwischen Natur und Kultur, Freiheit und Sicherheit.

Der Ruf der Wildnis – Buck, der Bernhardiner, durchläuft in Jack Londons zweitem großen Hunderoman von 1903 genau die umgekehrte Karriere: Er wird durch einen Verkauf aus seinem beschaulichen Leben auf einem Herrensitz in Südkalifornien gerissen und zur Zeit des Goldrausches zum Schlittenhund am Klondike gemacht. Er muss brutale Hundekämpfe durchleben und sich im Gesetz des Stärkeren beweisen. Die Wildnis zieht Buck in ihren Bann, er bricht alle Brücken zu den Menschen ab, wird zum Herrscher eines Wolfsrudels und schließlich zum gefürchteten Geisterwolf. Das Thema ist auch hier der Zwiespalt zwischen Mensch und Natur, es geht um Anpassung und Unabhängigkeit.

Hundeherz – In dem 2009 erschienenen Roman der Schwedin Kerstin Ekman schildert die Autorin das Überleben eines Welpen in der Wildnis. Das Tier, das sich in den Wäldern Nordschwedens verlaufen hat, schlägt sich durch, überlebt allein den Frühling und den Sommer, trifft dann aber auf einen Menschen und steht – angesichts des heraufziehenden Winters – vor der Frage: Weiter wild und oft in Lebensgefahr existieren oder die Freiheit aufgeben und sich an einen Menschen anpassen?

Hunde in Märchen und Fabeln

Dass der Fuchs in der Fabel Reineke heißt, der Wolf Isegrim und der Storch Adebar, gehört schon fast zum Allgemeinwissen, aber wer kennt schon den Fabelnamen des Hundes – Hylax?

Der wilde Hund (Äsop) – In dieser Fabel geht es um Sommer und Winter, um das leichte Leben in der warmen Sonne und die schlimmen Folgen, wenn man die Vorsorge für harte Zeiten vergisst.

Der Hund und der Sperling (Gebrüder Grimm) – Eine Geschichte von einem Hund, der mit seinem Herrn ein sprichwörtliches Hundeleben führt, aber dann mit einem neuen Freund – dem Sperling – bessere Zeiten findet.

Die drei Hunde (Bechstein) – Eine Geschichte über drei mit Zauber begabte Hunde, die dem Sohn eines Schäfers helfen, seinen Lebensweg zu beschreiten und zu seinem Recht zu kommen.

Der Hund und der Wolf (Äsop) – Der schlaue kleine Hund rettet das eigene Leben und rächt sich an dem mächtigen Wolf, der ihm ans Leder wollte. Hier siegt der Verstand über die rohe Kraft.

Das Feuerzeug (Hans Christian Andersen) – Ein armer Soldat erlebt Abenteuer mit drei Hunden, deren Zauberkräfte er beherrschen lernt und die ihn letztlich auf ziemlich grausame Art und Weise zu einem großen Mann machen – inklusive Prinzessin und Königreich.

Die Bremer Stadtmusikanten (Gebrüder Grimm) – Der Hund bei den Bremer Stadtmusikanten heißt Packan. Gemeinsam im Team mit dem Esel, der Katze und dem Hahn bewältigt er auch schwierige Aufgaben, wobei jeder seine besonderen Leistungen und Befähigungen zum Einsatz beiträgt.

Schriftsteller und ihre Hunde

Arli – Die äußerst vielseitig begabte Tochter des Schriftstellers Thomas Mann (unter anderem Schriftstellerin, Seerechtlerin und Ökologin), Elisabeth Mann Borgese, war absolut in Hunde vernarrt: Arli war einer ihrer Setter, der mit seiner Nase auf einer umgebauten Schreibmaschine Marke Olivetti kreativ tippte; seine »Gedichte« wurden in einer Literaturzeitschrift veröffentlicht. Für ihren – wie sie meinte – musikalisch begabten Hund Claudio ließ sie ein kleines Hundeklavier bauen. Er soll Bach und Beethoven gespielt haben – ebenfalls mit der Nase.

Banko – Über den Haushund von Françoise Sagan (1935–2004) kursiert eine skurrile Geschichte: Als die Polizei ihr Haus durchsuchte – die Schriftstellerin hatte erhebliche Drogenprobleme – zeigte Banko den Beamten das Kokain – und leckte selbst davon etwas auf. Françoise Sagan soll dies gegenüber der Polizei mit dem Satz »Schau, er mag es auch« kommentiert haben.

Bauschan – Seinen Mischlingshund hat Schriftsteller Thomas Mann (1875–1955) 1919 in seiner Erzählung *Herr und Hund* literarisch verewigt, ein einfühlsames und humorvolles Werk über das Haustier Hund und seinen Besitzer. Thomas Mann besaß zwar auch weitere Hunde, die aber nie die persönliche Bedeutung für ihn erreichten wie der Hühnerhund-Mischling. Bauschan lebte vier Jahre in Manns Münchner Villa, erkrankte aber an einer schweren Form der Staupe und musste in einer Tierklinik eingeschläfert werden.

Butz – Der Philosoph Arthur Schopenhauer (1788–1860) hielt seit seinen Studienjahren Pudel, der braune Butz war der Letzte seiner Art im Hause Schopenhauer. Herr und Hund gehörten zum Frankfurter Straßenbild jener Jahre und pflegten im »Englischen Hof« ihr Mittagessen einzunehmen. Ansonsten lebte Butz als Familienmitglied im Haushalt und wurde mit feinsten Delikatessen ernährt. Der Philosoph nahm sogar einen Umzug auf sich, als er wegen seines Pudels Streit mit seinem Vermieter bekam. Als Schopenhauers Popularität wegen seiner wachsenden Bedeutung als Philosoph zunahm, legten sich einige Frankfurter Bürger ebenfalls Pudel zu.

Charley – Der amerikanische Schriftsteller John Steinbeck (1902–1968) reiste mit Pudel: In seinem autobiografischen Roman *Die Reise mit Charley: Auf der Suche nach Amerika* ist er mit seinem Großpudel Charley elf Wochen lang in einem umgebauten Pick-up *on the road*.

Flush – Über den 1842 geborenen Cocker Spaniel schrieb Virginia Woolf eine eigene Biografie, in der die uralte Beziehung zwischen Mensch und Hund sensibel und zugleich unterhaltsam geschildert wird: *Flush: Eine Biografie*.

Jock of the Bushveld – Heute kaum vorstellbar, dass ein »Kampf-hund« zum Hauptakteur in einem Kinderbuch wird: Der südafri-kanische Autor James Percy FitzPatrick (1862–1932) machte sei-nen Hund Jock, einen Staffordshire-Bullterrier-Mischling, zum Titelhelden für einen Kinderbuchklassiker in Südafrika.

Schnick, Schnack, Schacki und **Lumpi** – Dies sind die Namen der Terrier-Mischlinge, die den österreichischen Journalisten und Schriftsteller Egon Friedell (1878–1938) im Laufe seines Le-bens begleiteten, und zwar einer nach dem anderen. Stets war auch ein Hund dabei, wenn seine Spaziergänge in einem Gast-haus endeten.

HUNDE UND DIE MUSIK

Die Vorstellung darüber, was eigentlich Musik ist und in welcher Weise man auf akustische Unterhaltung reagieren könnte, unter-scheiden sich bei Mensch und Hund deutlich. Die musikalische Leistung der Vierbeiner wird von ihren menschlichen Partnern nicht sonderlich geschätzt. Wie es umgekehrt aussieht, können die Hunde allenfalls mit Geheul und ihrer Körpersprache kom-munizieren.

Nipper – Der Terrier-Mischling (1884–1895) hat sich wie kaum ein anderer Hund verewigt und war lange Zeit allgegenwärtig. Als Modell für das Label »His Master's Voice« klebte sein Abbild, in den Schalltrichter eines Grammofons lauschend, über viele Jahre auf Millionen von Schallplatten. Ein besonders freundlicher Hund war Nipper offenbar nicht: Sein Name bedeutet so viel wie »Zwicker« oder »Zange«, weil er bei jeder Gelegenheit Menschen in die Waden zu zwicken pflegte.

Koji und **Gustav** – Zwei der drei Französischen Bulldoggen von Popstar Lady Gaga wurden 2021 bei einem gewalttätigen Raubüberfall entführt, dem Hundesitter wurde in die Brust geschossen. Nachdem ein Finderlohn von 500 000 US-Dollar ausgelobt wurde, brachte eine fünfzigjährige Frau schon zwei Tage später die Hunde zurück. Zunächst schien es, dass sie mit der Entführung nichts zu tun hatte, doch genauere Recherchen kamen zu einem anderen Ergebnis: Sie und vier weitere Personen wurden wenig später festgenommen und wegen versuchten Mordes und bewaffneten Raubüberfalls angeklagt. Dem mutigen Hundesitter, der die Tiere verteidigt hatte, geht es mittlerweile wieder gut.

Lava und **Rumpus** – Die beiden Doggen waren Mutter († 2011) und Sohn († 2009), traten in Videos von Lady Gaga auf und wurden von ihr »Aless« und »Abbey Road« genannt. Sie gehörten einer Mitarbeiterin der Popdiva und sind zu sehen in acht offiziellen Clips, unter anderem in *Poker Face* (2008), *Love Game* (2009) und *Telephone* (2010).

Lucky – Der englische Schäferhund lebte um 1975 als Familienhund von Mary (Tochter), Linda und Paul McCartney. Ein weiterer Hund von Paul McCartney, der Bobtail Martha (* 1966), wurde weltberühmt: McCartney besang die Hundedame in dem Song »Martha My Dear« auf dem *Weißen Album* der Beatles. Ein weiterer Hund der McCartneys hieß Midnight.

Die Beatles produzierten sogar Tonträger für Hunde: Für den Titel »A Day In The Life« brachten sie eine Hundepfeife zum Einsatz, deren hochfrequenter 15-Kilohertz-Ton von Menschen nicht wahrgenommen werden kann, von Hunden aber sehr wohl.

Elvis – Der Hund war ein Weihnachtsgeschenk seiner Frau Pegi in den 1980er-Jahren und begleitete die Rocklegende Neil Young über Jahre auf seinen Touren. In dem Stück »Old King« auf dem Album *Harvest Moon* drückt der Singer-Songwriter seine Bewunderung für den Hund aus, lobt seinen Mut, seine Unerschrockenheit und seine Treue, nennt ihn dort allerdings »King« – naheliegend, denn Elvis war ja schließlich der King. Einige weitere Hunde spielten eine Rolle im Leben von Neil Young, unter anderem Skippy, sein Begleiter aus Kindertagen im ländlichen Ontario, und Winnipeg, der auf dem Album *Everybody Knows This Is Nowhere* abgebildet ist.

Elvis – Die weiße Bulldogge der Sängerin Pink, ein Geschenk von Lisa Marie Presley, trug ebenfalls den Namen Elvis und hatte Körperformen, wie der King sie zuletzt zeigte. 2007 ertrank Elvis (der Hund!) im Pool von Pinks Wohnhaus in Los Angeles. Glücklicherweise war Elvis nicht das einzige Haustier.

Ralph – Die Sängerin und Grammy-Preisträgerin Norah Jones schätzte ihren Hund höher ein als so manchen Mann. Sie verewigte ihren Begleiter und Freund auf vier Pfoten in dem Song »Man Of The Hour« – obwohl Ralph ein ungepflegter Pudel war, war sie überaus verliebt in ihn. Ein Hund als Mann der Stunde? Er würde ihr zwar nie Blumen bringen, heißt es in dem Song, aber sie auch auf keinen Fall belügen und betrügen. Auch auf Streitgespräche würde sie gern verzichten …

Seamus – Liebende Verbindungen gehen seltsame Wege. Der Collie Seamus gehörte keinem der Musiker von Pink Floyd, sondern kam sozusagen von der befreundeten Konkurrenz: Er war der Hund von Stephen »Steve« Marriott, dem damaligen Frontmann der Small Faces, mit dem Pink Floyds Leadsänger David Gilmour befreundet war. Der Song »Seamus« auf dem Pink-Floyd-Album *Meddle* ist sozusagen ein Geschenk unter Freunden, wobei der besungene Vierbeiner sogar mitgearbeitet hat: Seamus heult herzerweichend zur Musik einer der berühmtesten Rockgruppen ihrer Zeit.

Peps – Ohne den Zwergspaniel Peps wäre Richard Wagners in den 1840er-Jahren komponierte Oper *Tannhäuser und der Sängerkrieg auf Wartburg* vielleicht nicht zu dem Meisterwerk geworden, das sie ist. Der Hund soll dem Komponisten sozusagen als erstes Publikum gedient haben: Er lag neben ihm und lauschte, scharf beobachtet in den Reaktionen auf Herrchens Musik. Peps' Vorgänger, der Neufundländer Robber, war ein ausgesprochen riesiges Tier, das aber ebenfalls Einfluss auf die Musik des Meisters genommen hatte. Weil der Hund zu groß für die Postkutsche war, mit der Wagner vor seinen Gläubigern aus Riga fliehen musste, wählte er aus Mitleid mit dem Tier für die Reise ein Schiff – so entstand *Der fliegende Holländer*.

Ein anderer großer Komponist – Ludwig van Beethoven – schrieb 1787 ein Lied für seinen verstorbenen Pudel: »Elegie auf den Tod eines Pudels«. Bei aller Tierliebe fällt es heute schwer, den Namen des besungenen Tieres herauszufinden …

HUNDE SEITE AN SEITE MIT WISSENSCHAFTLERN

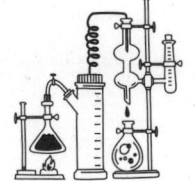

Es war nicht ihr Intellekt, der ihre menschlichen Halter unterstützte. Sie brachten einfach Freude in das Leben von Wissenschaftlern oder unterstützten sie in ihrer Arbeit, indem sie gern in der ihnen eigenen Art emotionale Impulse gaben.

Lux (um 1911 bis 1925) – Haushund des berühmten deutschen Arztes Ferdinand Sauerbruch.

Tommy (1929–1942) – Der Briard (Französischer Schäferhund) war der Haushund des Chemikers Otto Hahn in Berlin-Dahlem.

Jofi – Die Chow-Chow-Hündin war in den 1930er-Jahren sozusagen die Co-Therapeutin des Psychoanalytikers Sigmund Freud und damit die Therapiehündin der ersten Stunde. Sie war sein zweiter Hund: Ihre Vorgängerin und Schwester Lün kam schon kurze Zeit nach ihrer Ankunft im Hause Freud bei einem Unfall ums Leben. Jofi begleitete Sigmund Freud überall, auch zu seinen Therapiesitzungen. Sie lag neben seinen Patienten und Patientinnen und wirkte schon allein durch ihre Anwesenheit beruhigend. Zudem gab sie dem Therapeuten durch ihr Verhalten Auskunft über die Befindlichkeit der Patienten, deren Gemütszustand sie widerspiegelte. Eine weitere hilfreiche Verhaltensweise: Wenn Jofi aufstand und gähnte, war die Therapiestunde zu Ende. In den letzten 14 Jahren seines Lebens begleiteten Sigmund Freud einige weitere Hunde, denen er oft den Namen ihrer Vorgänger gab.

HUNDE IM WEISSEN HAUS

Neben der First Lady gibt es meist auch einen First Dog. Dieser Hund muss weder über besondere Eigenschaften noch eine spezielle Ausbildung verfügen – wer vier Beine hat, kann mit etwas Glück ins Weiße Haus gelangen. Neben zahlreichen Hunden waren im Weißen Haus schon Exemplare auch völlig unvermuteter Tierarten mehr oder weniger lange Zeit zu Gast. Die Landwirtschaft war mit Ziegen, Pferden, Kühen und Schweinen ebenso vertreten wie die Wildnis Amerikas mit Adler, Luchs, Bär und Alligator. Die exotische Tierwelt war außerdem mit Papageien,

Antilopen, einem Zwergflusspferd, Tigern und Hyänen gegenwärtig.

Fido – Der Mischlingshund (1855–1865) war der Lieblingshund von Abraham Lincoln (1809–1865), des 16. Präsidenten der Vereinigten Staaten von Amerika. Das Tier betrat allerdings nicht das Weiße Haus, sondern blieb in Springfield, Illinois, bei Freunden der Familie, als Lincoln 1860 als Präsident nach Washington wechselte. Wie Lincoln, der 1865 einem Attentat zum Opfer fiel, starb Fido eines gewaltsamen Todes: Er wurde im selben Jahr erstochen.

Fala – Der schwarze Scottish Terrier (1940–1952) war der Lieblingshund des 32. Präsidenten der Vereinigten Staaten, Franklin D. Roosevelt. Er begleitete ihn auf offiziellen Terminen, auf Konferenzen und während seiner Wahlkampfreise. Im Wahlkampf ging Fala auf besondere Art und Weise in die Geschichte ein: Ein Oppositionspolitiker, Harold Knutson aus Minnesota, behauptete, der Präsident habe ein Kriegsschiff in Marsch gesetzt, um Fala nach Hause zu holen, als dieser ihm auf der Wahlkampfreise auf der Inselgruppe der Aleuten verloren gegangen sei. Das hätte Unsummen an Steuergeldern gekostet. Franklin D. Roosevelt widersprach dieser Darstellung in der heute historischen »Fala-Rede« am 23. September 1944, die zugleich einen Wendepunkt in seinem Wahlkampf darstellte. Die Presse war begeistert, kämpfte doch ein kleiner Mann mit einem großen Hund – der Präsidentschaftskandidat der Republikaner Thomas

E. Dewey besaß eine Dänische Dogge – gegen einen großen Mann mit einem kleinen Hund – Roosevelt und Fala.

Checkers – Ähnlich bekannt wie Roosevelts Fala war in den 1950er-Jahren der Cocker Spaniel Checkers (1952–1964), der Hund von Richard Nixon, der sich 1952 in seiner »Checkers Speech«, einem Fernsehauftritt vor 60 Millionen Zuschauern, gegen Korruptionsvorwürfe im Wahlkampf um das Vizepräsidentenamt wehrte, indem er behauptete, das einzige Geschenk, das er je angenommen habe, sei sein Cocker Spaniel Checkers gewesen. Und das Tier habe er nur behalten, um seiner kleinen Tochter Patricia nicht »das Herz zu brechen«. Das funktionierte, Nixon wurde Vizepräsident.

Buddy – Der schokoladenbraune Labrador Retriever (1997–2002) begleitete als First Dog Präsident Bill Clinton während seiner Amtszeit im Weißen Haus. Nach dem Unfalltod von Buddy schaffte Clinton einen neuen Schoko-Labrador an: Seamus. Ein weiteres Tier im Hause Clinton, das zu einiger Berühmtheit kam, war die Katze Socks.

Barney – Der Scottish Terrier (2000–2013) lebte als First Dog im Präsidentenhaushalt von George W. Bush und Laura Bush. Bei einem Zusammentreffen mit Wladimir Putin und dessen Labrador Koni äußerte sich der russische Präsident abfällig über Barneys Größe – zu klein für einen Präsidenten der Vereinigten Staaten. Trotz seiner Größe war Barney wohl ein scharfer Hund.

Er soll mehrfach Besucher des Präsidenten gebissen haben, was aber medizinisch und juristisch wohl ohne Folgen blieb.

Bo – Der Portugiesische Wasserhund (2008–2021) begleitete Barack Obama während seiner Amtszeit im Weißen Haus. Autoren und Verlage nutzten die Prominenz von Bo und verewigten ihn in einigen Kinderbüchern. 2013 vervollständigte Sunny, eine Hündin der gleichen Rasse, das Team.

Commander – Joe Bidens Deutscher Schäferhund kam 2021 als Welpe ins Weiße Haus, seine Vorgänger waren Champ und Major, ebenfalls Deutsche Schäferhunde. Champ ist mittlerweile verstorben, Major musste wegen seiner Aggressivität – er biss einen Sicherheitsmann – den Sitz des Präsidenten wieder verlassen. Commander folgt nun seinen Spuren.

HUNDE IN MEDIEN, FILM UND FERNSEHEN

Oft sind sie die Helden, manchmal nur Begleiter und hin und wieder auch die tragischen Figuren in einer Fernsehserie oder in einem Spielfilm. Bestens als Identifikationsfiguren geeignet, sorgen Hunde international für Abonnenten in den Streamingdiensten, Einschaltquoten im TV und Besucher in den Kinos.

B.J., Rhett und **Henry** – Die österreichische TV-Krimiserie *Kommissar Rex* lief über mehrere Staf-

feln von 1994 bis 2004 – zu lange für einen einzigen Hund, der in seiner Rolle kurz Rex, aber mit vollständigem Namen Reginald von Ravenhorst heißt. Etliche prachtvolle Deutsche Schäferhunde teilten sich im Laufe der Jahre die Rolle des Rex, unter anderem B. J., Rhett und Henry, alle ausgebildet von der US-amerikanischen Hundetrainerin Teresa Ann Miller.

B. J. war als Rex I in der Zeit von 1993 bis 2000 im Dienst, ihm folgte Rhett als Rex II von 2000 bis 2004. Artgenosse Henry bestritt die Dreharbeiten als Rex III von 2007 bis 2009. Er wie auch die beiden Nachfolger Nick (Rex IV von 2010 bis 2012) und Aki (Rex V von 2013 bis 2014) arbeiteten auch mit italienischen Schauspielern in italienischer Sprache in den Folgen der Serie von 2007 bis 2015. Die Krimireihe lief in zahlreichen Staffeln unter anderem in Ungarn, Griechenland, den Niederlanden und Australien.

Daisy – Das Yorkshire-Terrier-Weibchen (1992–2006) war der Haushund des Münchner Originals Rudolph Moshammer, seines Zeichens Modedesigner und Inhaber einer Nobelboutique in der Münchener Maximilianstraße. Sie trug stets ein Schleifchen im Haar und war unverzichtbares Accessoire des Exzentrikers mit der ausgefallenen Perücke. Sie gelangte, gemeinsam mit ihm, sogar zu Medienruhm: 2004 waren Moshammer und Daisy gemeinsam in einem Nescafé-Werbespot zu sehen.

Dog – Der Basset war in den 1970er- und 1980er-Jahren das Haustier und der Assistent von Inspektor Columbo, Held der gleichnamigen, später international bekannten US-amerikanischen Fernsehserie. Das Tier ist allerdings alles andere als ein Polizeihund, sondern zeichnet sich durch erstaunliche Lethargie und ein ansteckendes Phlegma aus. So wird »Dog« aus einer Hundeakademie geworfen, weil er angeblich die übrigen Auszubildenden mit seiner Tatenlosigkeit infiziert hatte.

Lassie – Der Langhaarcollie-Rüde Pal war in den 1950er-Jahren der erste Darsteller von »Lassie«, Heldin der gleichnamigen und später weltbekannten US-amerikanischen Fernsehserie (1954–1973). In späteren Jahren übernahmen einige seiner Nachkommen die Rolle – Lassie wurde meist von Rüden gespielt, weil sie vor der Kamera besser wirkten. Wie sollte auch ein einziger Hund die 556 Folgen von 1954 bis 1973 durchgestanden haben? Da setzt schon die Biologie des Hundes Grenzen. Für offizielle Auftritte gab es allerdings immer eine einzige offizielle Lassie. Für die ältere und wohl auch für die noch ältere Generation ist Lassie ein Stück Mediengeschichte. Die hübsche Collie-Hündin zählt zu den liebsten Erinnerungen der Kindheit wie sonst nur »Fury« und »Flipper«.

Püppi – Die Zwergspitz-Chihuahua-Mischlingshündin (2000–2011) gehörte einem Obdachlosen in Köln, wurde vom WDR entdeckt und für die Fernsehreihe *Stratmanns* des Kabarettisten Ludger Stratmann gecastet. Sie hatte Erfolg beim Publikum, traf mit Prominenten wie Richard von Weizsäcker, Oliver Pocher, Modeschöpfer Wolfgang Joop, Altrocker Peter Maffay sowie Ex-Fußballstars wie Wolfgang Overath und Christoph Daum zusammen und wurde zu einer Kölner Berühmtheit. Ihr Bild wurde auf Postkarten und auf den Titelseiten von Zeitschriften verbreitet. Püppi trat sogar in der Oper auf.

Rin Tin Tin – Der Deutsche Schäferhund (1918–1932) trat als Darsteller in 26 US-amerikanischen Filmen auf und kann deswegen als Schauspielstar der 1920er-Jahre bezeichnet werden. Anders als bei *Lassie* agiert in den *Rin-Tin-Tin*-Filmen immer ein und derselbe Hund. Außerdem war der auch kurz »Rinty« genannte Star auf vier Pfoten in mehreren Fernsehserien, Büchern und Comics zu sehen und wurde mit einem Stern auf dem »Hollywood Walk of Fame« ausgezeichnet.

Rantanplan – Der Gefängnishund, der 1960 erstmals in den *Lucky-Luke*-Comics erscheint, verdankt seinen Namen seinem Vorgänger in grauer Vergangenheit – der trottelhafte Köter ist eine Parodie auf den perfekten Hund Rin Tin Tin. Nach seinem Erscheinen bei *Lucky Luke* erhielt Rantanplan später auch einen eigenen Comicstrip.

Strongheart – Der aus Deutschland stammende Deutsche Schäferhund (ungefähr 1917–1929) war einer der frühesten Tierdarsteller in Hollywood und trat in insgesamt sechs Filmen auf. Bei den Zuschauern war er zeitweise äußerst beliebt und erhielt –

als einer von bisher vier Hunden – sogar einen Stern auf dem »Hollywood Walk of Fame«. Strongheart lebte und starb für seinen Beruf: Er verunglückte am Set und starb an den Brandverletzungen durch einen Scheinwerfer.

Terry – Die Cairn-Terrier-Hündin (1933–1945) wirkte in zahlreichen Filmen der 1930er- und 1940er-Jahre mit. Bekannt wurde sie vor allem durch ihre Rolle als Toto in *Der Zauberer von Oz* an der Seite der jungen Judy Garland. In *Bright Eyes* spielte sie neben Shirley Temple.

Uggie – Der Jack Russell Terrier (2002–2015) wurde 2011 nicht nur für seine Darstellung des Hundes in *The Artist* bei den Internationalen Filmfestspielen von Cannes mit dem »Palm Dog Award« ausgezeichnet. Neben Lassie, Rin Tin Tin und Strongheart ist seit 2013 auch Uggies Pfote auf dem »Hollywood Walk of Fame« vertreten. Er hat sich diese Auszeichnung mühevoll erarbeitet, denn er spielte in einer ganzen Reihe von Filmen mit.

Ein unbekannter Yorkshire-Terrier – Er ist das Opfer in einem Klassiker des schwarzen Humors: *Ein Fisch namens Wanda* (1988). Das arme Tier wird von einem Betonklotz erschlagen, nicht das einzige Hundeopfer in diesem Film.

Tinkerbell – Paris Hilton scheint einen hohen Verschleiß an Hunden zu haben. Bisher sollen etwa 20 Tiere in ihrem Besitz gewesen sein. Darunter auch die Hündin Tinkerbell – sie trennte sich von ihr, als sie zu groß wurde. Wenn jetzt jemand denkt, es handle sich bei Tinkerbell um eine Dänische Dogge, wird es Zeit, den Irrtum aufzuklären: Tinkerbell ist eine Chihuahua-Dame und gehört somit zu einer der kleinsten Hunderassen der Welt. Versteh einer die Promis!

Vida Blue – Ein anderer Chihuahua namens Vida Blue heißt wie ein amerikanischer Baseballprofi und lebte bei Ashton Kutcher und Demi Moore – bis zu ihrer Scheidung. Nun residiert das Tier bei ihr, genießt die Vorzüge ganzheitlicher Medizin und erhält vermutlich auch schon mal eine Akupunkturbehandlung.

Tina und **Buckley** – Jessica Biel und Justin Timberlake lieben ihre Hunde Tina und Buckley. So jedenfalls berichtete es die Regenbogenpresse. Der Umstand, dass sie Schockhalsbänder benutzten, mit deren Hilfe man ferngesteuert Stromschläge an die Tiere verteilen kann, führte zu einem Shitstorm im Web.

Matzo Ball ist eine Bulldogge und zerrt bei Adam Sandler an der Leine.

Maude, Sidi und **Frankie** – Die Bullterrier-Hündin Maude von Orlando Bloom wurde mit ihm in den Parks von Los Angeles gesehen. Ebenfalls zum Bloom-Haushalt gehört Mischlingshund Sidi. Ehefrau Miranda Kerr reist mit Yorkshire-Terrier Frankie, der über eine eigene Luxusreisetasche verfügt.

Milo – Jack Russell Terrier Milo gibt dem Leben von Supermodel Candice Swanepoel seit Oktober 2012 tieferen Sinn. Auf ihrem Twitter-Account waren in loser Folge Bilder von Frauchen und Hund zu bewundern.

Lucky – Diesen etwas schlichten Namen hat Schauspielerin Michelle Williams ihrer Hündin gegeben, obwohl diese als Cavalier King Charles Spaniel altem Hundeadel angehört. Der Name ist ein Kompromiss zwischen Mutter und Tochter Mathilda, die ganz andere Vorstellungen davon hatte, wie man einen Hund benennt.

Die großen Hundefilme

Bei der folgenden Liste von klassischen Hundefilmen könnte deren Kurzbeschreibung nahezu gleichlautend ausfallen: Es geht um Liebe, Treue und gemeinsam erlebte Abenteuer, und fast jeder dieser Filme ist auch beste Unterhaltung für die ganze Familie. Ausnahmen wie *Cujo* oder *Watchers* bestätigen die Regel.

- 🎥 **Susi und Strolch** (1955) – Disney-Zeichentrickfilm, eine Liebes- und Abenteuergeschichte
- 🎥 **Sein Freund Jello** (1957) – vom Streuner zum Lebensretter
- 🎥 **101 Dalmatiner** (1961) – Disney-Zeichentrickfilm, auch bekannt als *Pongo und Perdita*
- 🎥 **Cujo** (1983) – Vorsicht, Horrorfilm!

- 🎥 **Watchers** (1988) – Horrorfilm!
- 🎥 **Mein Partner mit der kalten Schnauze** (1989) – Herr und Hund jagen Drogendealer
- 🎥 **Ein Hund namens Beethoven** (1992) – unterhaltsamer Familienspaß
- 🎥 **Zurück nach Hause – Die unglaubliche Reise** (1993) – den Weg nach Hause finden zwei Hunde und eine Katze
- 🎥 **Lassie** (1994) – Abenteuerfilm im Wilden Westen
- 🎥 **Iron Will – Der Wille zum Sieg** (1994) – es geht um Schlittenhunderennen
- 🎥 **Fluke** (1995) – gefühlvoller Familienfilm
- 🎥 **101 Dalmatiner – Diesmal sind die Hunde echt** (1996) – Realfilm, in Anlehnung an das Original
- 🎥 **Air Bud – Champion auf vier Pfoten** (1997) – ein Golden Retriever als talentierter Basketballspieler
- 🎥 **Mein Hund Skip** (2000) – Kinderfilm über eine Hundefreundschaft
- 🎥 **Cats & Dogs – Wie Hund und Katz** (2001) – Hunde und Katzen kämpfen um die Weltherrschaft
- 🎥 **Snowdogs – Acht Helden auf vier Pfoten** (2002) – Abenteuerkomödie
- 🎥 **Snow Buddies – Abenteuer in Alaska** (2008) – es geht um Schlittenhunderennen
- 🎥 **Hachiko – Eine wunderbare Freundschaft** (2009) – Treue über den Tod hinaus
- 🎥 **Das Hundehotel** (2009) – Familienkomödie
- 🎥 **Max** (2015) – Abenteuerfilm

- 🎥 **Bailey – Ein Freund fürs Leben** (2017) – Hunde und die Reinkarnation
- 🎥 **Megan Leavey** (2017) – eine wahre Geschichte, mit Militärhund Rex im Mittelpunkt
- 🎥 **Show Dogs** (2018) – ein Hund als Undercoveragent
- 🎥 **Isle of Dogs – Ataris Reise** (2018) – Animationsfilm
- 🎥 **Togo: Der Schlittenhund** (2019) – Abenteuer im Schnee
- 🎥 **Die unglaublichen Abenteuer von Bella** (2019) – über viele Kilometer nach Hause

Hunde in Comics und Cartoons

Idefix – Der kleine Chien – ein typisch französischer Mischling mit einer Portion Terrier in den Genen – beschützt in den *Asterix*-Comics über das unbesiegbare Dorf in Gallien nicht nur sein Herrchen Obelix, der ihn geradezu abgöttisch liebt, sondern auch alle Bäume des Waldes – Idefix heult herzzerreißend, wenn einer gefällt wird. Der sympathische kleine Hund war nicht schon immer dabei, sondern wird erst im fünften Band angeschafft. Seither unterstützt er Asterix und Obelix im Kampf gegen die Römer.

Pluto – Der Hund von Walt Disneys Micky Maus kann nicht ganz eindeutig einer Rasse zugeordnet werden. Dominierend im Genpool ist der Bloodhound, aber auch ein paar Jagdhundrassen haben ihre Spuren hinterlassen. Pluto ist ein Hund geblieben, menschliche Komponenten fehlen seinem Charakter.

Deshalb kann er auch mit Micky und Goofy nicht sprechen. Außerdem ist er ein besonders trotteliges, geradezu tapsiges Tier. Er lässt kein Fettnäpfchen aus, oft muss Micky ihm helfen. Manchmal kann er sich revanchieren. Er bedankt sich mit seiner sympathischen Gesellschaft.

Goofy – Der treue Freund von Micky Maus ist neben Pluto ein zweiter Hund in den Comics von Walt Disney, allerdings überwiegen bei Goofy die menschlichen Gene und Charaktereigenschaften deutlich, auch wenn man seiner Gestalt noch immer die Herkunft aus einer undefinierbaren Jagdhundrasse ansehen kann. Goofys Name bedeutet knallhart übersetzt einfach: doof. Er ist der schusselige Typ, lässt wie Pluto kein Fettnäpfchen aus und zieht Freund Micky häufig mit in den Schlamassel, aus dem dieser dann Maus und Hund retten muss.

Rantanplan – Den hatten wir schon mal, hier aber noch ein paar unnütze Fakten. Nicht nur die Rasse des dümmsten aller Comichunde bleibt im Unklaren. Niemand kann sagen, warum er noch als Diensthund im Staatsgefängnis geduldet wird, denn Rantanplan hat noch nie die Fährte eines Banditen erschnüffelt oder gar einen dingfest gemacht. Vielmehr verhilft er den dort inhaftierten Dalton-Brüdern durch seine himmelschreiende Blödheit immer wieder zur Flucht. Da kann manchmal auch Lucky Luke nicht helfen, obwohl er mit der Waffe schneller als sein Schatten ist. Rantanplan ist dümmer als sein Schatten.

Struppi – Zeichner Hergés Hund »Milou« in der französischen Comicreihe *Les aventures de Tintin* hat mit der Zeit das Sprechen verlernt. Struppi, so der deutsche Name des Foxterriers, konnte in den ersten Folgen reden, unterrichtete später aber den Leser nur noch durch Gedankenblasen. Struppi und Tim bereisen die halbe Welt und viele Kontinente und erleben erstaunliche Abenteuer, in denen der Hund sich als wertvoller und zuverlässiger Helfer bewährt. Mittlerweile kämpfen Herr und Hund gegen Rassismusvorwürfe – einzelne Bände der Reihe dürfen in manchen Staaten nicht mehr verkauft werden.

Susi und Strolch – Der Originaltitel des Walt-Disney-Zeichentrickfilms lautet *The Lady and the Tramp*. Die ebenso hübsche wie verwöhnte Cocker-Dame Susi büßt ihr komfortables Leben ein, weil ihre Menschen ein Baby bekommen. Gemeinsam mit Strolch, in den sie sich verliebt, landet sie auf der Straße und schließlich im Käfig eines Hundefängers. Der mutige Strolch rettet sie aus dieser Gefahr und auch noch das Baby der Familie vor dem Angriff einer bösen Ratte. Und – wie könnte es anders sein – am Ende wird alles gut.

Snoopy – In der Cartoonreihe *Die Peanuts* von Charles M. Schulz ist Charlie Browns Hund, ein Beagle, eine sympathische Figur, aber alles andere als ein durchschnittlicher Hund. Er liegt nicht in, sondern auf seiner Hundehütte, ist mit dem kleinen Vogel Tweetie befreundet und beherrscht zwar die menschliche Sprache nicht, schafft es aber dennoch, seine oft philosophischen Gedanken mit Grimassen, wilden Gesten und sogar Tänzen zum Ausdruck zu bringen. Ein ganz und gar ungewöhnlicher Hund.

Wum – Die Zeichentrickfigur von Loriot begleitete Wim Thoelke als Co-Moderator im Familienquiz *Der Große Preis,* und der Hund mit Knollennase war besonders für das kindliche Publikum einer der Höhepunkte. Wums Versuche zu sprechen – er soll »Meine Oma holt Kohlen aus dem Kohlenkeller« sagen und antwortet mit »O-o-ohh-o-ohhh!« – und seine Gesänge sind unvergesslich, so wie auch seine Freundschaft zur zweiten Cartoonfigur in dieser TV-Reihe, zum Elefanten Wendelin.

Droopy – Weniger bekannt, aber klar als Basset zu erkennen ist der 1943 vom Zeichner Tex Avery erfundene korpulente Droopy, minimalistisch in Mimik und Gestik. Seine monotone Sprache unterstreicht sein depressives, vielleicht auch nur stoisches Charakterbild. Seine kurzen Geschichten haben oft den Charakter von Fabeln.

Scooby-Doo – Die Dogge unterstützt in den USA seit 1969 vier Jugendliche bei der Gespensterjagd in ihrem »Mystery Van«, und zwar im Auftrag der Produktionsfirma Hanna-Barbera im Frühstücksfernsehen am Samstagmorgen. Scooby-Doo ist weder der schlaueste noch der mutigste Hund, tut aber alles, um seinen Freunden in Notlagen zu helfen.

Huckleberry Hound – Wie auch Scooby-Doo und Yogi Bär entstand der blaue Huckleberry Hound im Auftrag der Produktionsfirma Hanna-Barbera. Er versucht sich in zahllosen Berufen, vom Farmer bis zum Großwildjäger, scheitert aber stets auf lustige Weise. In Deutschland lief die Serie unter dem Namen *Hucky und seine Freunde* und hatte viele – Freunde.

Spike – Der böse Hund aus den Comics mit *Tom und Jerry*, eine Bulldogge, erweitert die dramaturgischen Möglichkeiten um einen wichtigen Aspekt: Kater Tom kann sich auch mit einem Hund in die Haare geraten ...

Dino – Er ist einer der wenigen Hunde, die gar keine sind: Die Familie Feuerstein hält sich einen mehr oder weniger ausgewachsenen Dinosaurier als Haustier, der sich aber wie ein Hund verhält und zum Beispiel den Hausherrn schwanzwedelnd mit einer massiven Liebesattacke begrüßt.

Astro – Wer bei den Jetsons, einer Weltraumfamilie in der Zukunft, einen Roboterhund vermutet, liegt falsch: Astro zeigt nicht nur das Verhalten eines gewöhnlichen Hundes, sondern sieht auch wie ein solcher aus. Er ähnelt sehr stark seinem Artgenossen Scooby-Doo.

Gromit – Die Knetfigur aus den *Wallace-&-Gromit*-Filmen ist ein ausgesprochen intellektuelles Tier, hat einen Abschluss von der Dogwarts University und ist von Büchern fasziniert. Bei uns wurde Gromit vor allem im Zusammenhang mit der Stop-Motion-Fernsehserie *Shaun das Schaf* bekannt und beliebt.

SEHR SELBSTSTÄNDIGE HUNDE

Nicht nur in der Meute, auch als Einzelgänger hinterlassen Hunde bleibenden Eindruck. Oft hat das Schicksal sie zu Straßenhunden gemacht – sie meisterten ihr Los großartig und bewundernswert. Andere Exemplare dieser außergewöhnlichen Tierart haben sich durch besondere Leistungen hervorgetan, mancher Hund wurde auf diese Weise quasi zur Legende.

Friday – Ob der Schäfer James Mackenzie tatsächlich ein Viehdieb war oder zu Unrecht beschuldigt wurde, darüber lässt sich auch heute noch streiten, aber außer Zweifel steht die Treue von Neuseelands Hundeheld, dem Border Collie Friday. Der hütete um 1850 in den Bergen am Lake Tekapo auf Neuseelands Südinsel die – gestohlenen oder rechtmäßig erworbenen – tausend Schafe von James Mackenzie auch dann noch, als dieser verhaftet wurde und hinter Gittern saß. So viel Treue beeindruckt nicht nur in Neuseeland, man setzte dem Tier ein Denkmal: ein Hund, auf einem großen Stein stehend, den Blick in die Ferne gerichtet …

Lampo – Der Mischlingshund sprang 1953 auf dem Bahnhof von Campiglia Marittima aus einem Güterzug und beschloss, in der kleinen Stadt in der Toskana sein Hauptquartier einzurichten. Der Bahnhof wurde zum Ausgangspunkt und am Ende wieder zum Ziel seiner Zugreisen kreuz und quer durch Italien – bis er am 22. Juli 1961 von einem Zug überfahren wurde. Lampo (zu Deutsch »Blitz«) wurde durch einen Dokumentarfilm in Italien und darüber hinaus bekannt und war zeitweise der am häufigsten fotografierte Hund der Welt.

Red Dog – Ursprünglich hieß der Mischlingshund Tally Ho, gehörte einem Colonel Cummings und war schon als Jungtier ein wahres Energiebündel. Er liebte das freie, ungebundene Leben, fuhr quasi per Anhalter, indem er sich an den Straßenrand legte und sich von Reisenden im Pkw, von Fernfahrern und von den Werksbussen der regionalen Arbeiter mitnehmen ließ. Manche seiner menschlichen Chauffeure verpflegten ihn auch oder er nahm sich, was er brauchte, indem er sich die besten Stücke Fleisch von Festen und Familienfeiern im Freien klaute. Außerdem soll er zum Himmel gestunken haben – er hinterließ also Eindruck. Die meiste Zeit verbrachte Red Dog wohl zwischen den Städtchen Karratha und Dampier im Nordwesten Australiens, fuhr aber auch mit der Bahn ins Landesinnere. Glaubt man den wilden Erzählungen, soll er sogar per Schiff nach Japan gereist sein. Kurz: Der Hund war überall – so stand es auch auf seinem Halsband. Oft wurde er verletzt und kam in Lebensgefahr, aber er fand immer wieder Menschen, die sich für ihn einsetzten, ihn gesund pflegten und über die Runden brachten. Red Dog erhielt ein eigenes Bankkonto, wurde Gewerkschaftsmitglied und hatte eine Essenskarte für das Casino von Hamersley. Der offizielle Titel »Dog of the Northwest« verschaffte ihm Zugang zu Orten, die sonst kein Hund betreten durfte. Trotz aller Fürsorge endete sein Leben tragisch: Am 20. November 1979 verstarb Red Dog, hinterhältig mit Strychnin vergiftet. Eine übergroße, drei Tonnen schwere Bronzestatue in Dampier, Westaustralien, erinnert noch heute an ihn, denn auf seinen Reisen hatte er viele Freunde gewonnen. Außerdem lebt er in Büchern und Filmen weiter.

Bummer und **Lazarus** – Die beiden Mischlingshunde streunten Mitte des 19. Jahrhunderts durch San Francisco. Sie galten als legendäre Rattenjäger mit erstaunlicher Strecke: 85 Ratten in 20 Minuten! Bummer (»Rumtreiber«), ein Neufundländer-Mischling, kam als Hund eines Journalisten nach San Francisco, lebte im angesagten Szeneviertel rund um »Martin & Horton's Saloon«, zog aber bald seine Freiheit dem Zusammenleben mit Journalisten und anderen Menschen vor. Seinen späteren Gefährten Lazarus, eine undefinierbare Promenadenmischung, rettete Bummer aus einem Hundekampf und pflegte ihn gesund. Weil die beiden Hunde immer für eine Geschichte gut waren, berichteten die Zeitungen über sie und ihre Abenteuer. Sie halfen der Polizei bei der Festnahme von Kriminellen, stoppten ein durchgegangenes Pferd und – ihre aggressive Seite – waren ständig in Kämpfe mit anderen Hunden verwickelt. Später schlossen sich Bummer und Lazarus dem selbsternannten »Kaiser der Vereinigten Staaten« Joshua Norton I. an, folgten ihm auf Schritt und Tritt und begleiteten ihn bei seinen »öffentlichen« Terminen. Am Ende ihres abenteuerlichen Lebens – Lazarus starb zuerst, Bummer folgte etwas später – landeten beide ausgestopft auf der Theke von »Martin & Horton's Saloon«, dem Lokal, in dessen Umfeld alles begonnen hatte. Später wurden ihre toten Körper ins Golden Gate Park Museum gebracht und dort ausgestellt. Das Museum überstand das große Erdbeben von 1906 nicht – auch die Überbleibsel der beiden Helden wurden vernichtet. Seit 1992 erinnert aber eine Gedenkplakette an der Transamerica Pyramid, dem höchsten Wolkenkratzer in San Francisco, an die beiden Hunde.

Maltschik – Der Mischlingshund (ca. 1996–2001) lebte mehrere Jahre als Straßenhund in der Nähe der Moskauer U-Bahn-Station Mendelejewskaja und gewann weniger durch sein Leben als durch die mitleiderregenden Umstände seines gewaltsamen Todes das Interesse der Öffentlichkeit: Maltschik wurde von einer geisteskranken Frau getötet. Ein Denkmal in besagter U-Bahn-Station erinnert an ihn und fordert zu menschlicherem Umgang mit streunenden Haustieren auf.

Negro Matapacos – Dieser schwarze Mischlingshund wurde als Teilnehmer von Schüler- und Studentenprotesten in Chile 2011–2012 bekannt und kämpfte aufseiten der Aktivisten gegen die Carabineros. Zu erkennen war der schwarze Rüde an seinem roten Halstuch – sein gesamtes Auftreten machte ihn zu einem beliebten Fotomotiv. Er war keineswegs ein Straßenhund, denn er hatte einen Schlafplatz und seine Halterin versorgte ihn mit Nahrung und immer frischen Halstüchern. Er starb nicht bei einer Konfrontation mit der Polizei, wie man vermuten könnte, sondern eines natürlichen Todes.

Stuczel – Er war der Liebesbote für den Ritter Kurt Weckheim und seine spätere Ehefrau Hilarie von Wangenheim, und das in kriegerischen Zeiten im 17. Jahrhundert. Wenn Stuczel nicht die Post transportiert hätte, hätte es die Ehe möglicherweise nie gegeben, den anfangs waren ihre Familien auch noch zerstritten. Zum Dank für seine treuen Dienste errichtete man ein Grabdenkmal an der Burgmauer zu Winterstein im Thüringer Wald, heute ein Ziel des lokalen Tourismus – hier also liegt der Hund begraben.

Balto und **Togo** – Tausend Kilometer durch Eis und Schnee – die beiden Huskys gehörten zu den Schlittenhundestaffeln, die sich 1925 unter katastrophalen Wetterbedingungen mit Impfstoffen und Medikamenten von Nenana (Yukon, Alaska, 357 Einwohner) zu dem Städtchen Nome an der Westküste durchkämpften, wo die Diphtherie ausgebrochen war. Eine Bronzeskulptur von Balto an prominenter Stelle – im New Yorker Central Park – erinnert daran.

HUNDE MIT GANZ BESONDEREN AUFGABEN

Nicht jeder Hund ist einfach nur Haustier und Freund des Menschen. Häufig entwickeln sich daraus tiefer gehende Verbindungen von beiderseitigem Nutzen, wobei die menschliche Seite
oft deutlich mehr vom Hund profitiert als umgekehrt. In vielen
Zusammenhängen erleichtern die Helfer auf vier Pfoten ihren
Haltern das Leben in einer Weise, die sie nahezu unentbehrlich
macht.

Buddy – Als der junge Boxer Morris Frank in den
1920er-Jahren nach einem Boxkampf erblindete, er-
warb er bei der Hundetrainerin Dorothy Harrison Eus-
tis, die in der Schweiz Deutsche Schäferhunde als Führhunde
für erblindete Weltkriegsveteranen ausbildete, seine erste Seh-
hilfe auf vier Pfoten: die Hündin Buddy. Begeistert von der Hilfe
durch den Hund entschloss er sich, ein Ausbildungszentrum für
Assistenzhunde in den Vereinigten Staaten einzurichten. Am 11.
Juni 1928 kehrte Morris Frank nach abgeschlossener Ausbildung
zum Hundetrainer aus der Schweiz zurück und bot der örtlichen
Presse in New York eine sensationelle Vorführung: Gemeinsam
mit Buddy überquerte er unter den staunenden Blicken der Re-
porter die sogenannte »Death Avenue«, die viel befahrene West
Street.

Hündin Buddy begleitete Morris Frank bis zu ihrem Tod 1938.
Seine erste Schule für Blindenhunde nannte er »The Seeing Eye«.

Er setzte sich für das Recht von Blinden ein, ihre Hunde überall mit sich führen zu dürfen, und verhalf dem Sehbehinderten zu mehr selbstständiger Beweglichkeit, Unabhängigkeit und Sicherheit.

Laika – Die Hündin Laika, eine Husky-Terrier-Mischung, war zuerst ein Straßenhund in der Metropole Moskau und wurde dann zu einer echten Abenteuerin, wenn auch gegen ihren Willen. Als eines der ersten Lebewesen im All und als allererstes Tier in der Umlaufbahn der Erde wurde sie am 3. November 1957 mit dem sowjetischen Satelliten Sputnik 2 in den Weltraum geschickt – leider war ihre Rückkehr auf die Erde nie vorgesehen. Doch Laika starb unerwartet früh – schon einige Stunden nach dem Start ihrer Rakete. Vermutlich waren Stress und zu große Hitze die Todesursache. Hätte Laika länger gelebt, wären ihre Zukunftsaussichten auch nicht besser gewesen. Ursprünglich war der Plan der sowjetischen Weltraumforscher, Laika nach zehn Tagen im Orbit eine Portion vergiftetes Futter zu verabreichen. So aber umrundete der Satellit den blauen Planeten viele Male ohne ein weiteres Lebenszeichen aus seinem Innern. Beim Wiedereintritt in die Atmosphäre nach fünf Monaten und insgesamt 2570 Erdumrundungen verglühte Sputnik 2 und wurde endgültig zerstört. So erhielt Laika sozusagen eine Feuerbestattung im Weltraum. Ihr Ausflug ins All kostete sie zwar das Leben, verhalf ihr aber zu wahrer Prominenz: Ihr Bild schmückte Briefmarken, die Verpackungen von Schokolade und Zigaretten, und sogar eine Bodenprobe vom Mars trägt heute ihren Namen.

Belka und **Strelka** – Die beiden Hunde unbekannter Rasse waren zwar nicht die ersten Tiere im Weltall, aber die ersten, die wohlbehalten zur Erde zurückkehrten, also einen Raumflug überlebten. Sie starteten am 19. August 1960 als Passagiere von Sputnik 5 in einem Wostok-Raumschiff, umkreisten die Erde zusammen mit 40 Mäusen, 2 Ratten, einigen Fliegen und ein paar Pflanzen 18 Mal in einer Bahnhöhe zwischen 306 und 330 Kilometern. Für eine Erdumkreisung brauchte ihr Raumfahrzeug 90,7 Minuten. Acht Monate nach der Heldentat der beiden Hunde folgte ihnen endlich ein Mensch: Am 12. April 1961 umrundete der Kosmonaut Juri Gagarin die Erde – ein einziges Mal.

Flintstone – Der Altdeutsche Hütehund (* 2011) begleitete 2015 eine archäologische Ausgrabung zunächst als Rettungshund, wurde dann aber von seinem Halter, dem Archäologen Dietmar Kroepel aus Otterfing (Oberbayern) zum ersten und bisher einzigen zertifizierten Archäologiehund Deutschlands ausgebildet. Flintstone kann menschliche Knochen in bis zu zweieinhalb Meter Tiefe im Boden erschnüffeln und zeigt ihr Vorhandensein an – das Graben überlässt er den Menschen.

Handsome Dan – Manchen Hund hoben die Ereignisse seiner Zeit in besonderer Weise hervor, so die Bulldogge Handsome Dan, vermutlich das erste Maskottchen einer Sportmannschaft überhaupt. Die Baseball- und Footballteams der Yale University nahmen Handsome Dan I. (1889–1897) zu ihren Spielen mit, nach seinem Tod hinterließ er aber zunächst einmal eine 35 Jahre dauernde Lücke. Mit Handsome Dan II. (1928–1937) wurde das traditionelle Maskottchen dann wieder belebt, es folgten – manchmal mit kurzen Pausen zwischen den »Erziehungszeiten« – Handsome Dan III. bis zum vorerst letzten Maskottchen, Handsome Dan XVI. – ein prachtvoller, 30 Kilo schwerer Rüde, der 2008 vorzeitig pensioniert wurde.

HUNDE ALS LEBENSRETTER

Bei manchen Hunden gehört die Lebensrettung zu den Standardaufgaben. Rettungs- und Lawinenhunde zum Beispiel tun ganz selbstverständlich ihren Dienst. Die folgenden Hunde allerdings kamen völlig ungeplant in eine Situation, in der sie großartig ihren Hund standen.

Tang – Als im Jahr 1919 die »Ethie« bei St. Martin's Point an der stürmischen Küste Neufundlands mit 93 Seeleuten an Bord auf einen Felsen auflief und zu sinken drohte, rettete ein Hund namens Tang 92 Seeleute. Ein Matrose war bereits von der tobenden See fortgerissen worden, als der mutige Tang mit einem Seil zwischen seinen Kiefern ins Wasser sprang und unter Aufbringung all seiner Kräfte an den Strand schwamm. Dort standen Schaulustige, die glücklicherweise sofort begriffen, was zu tun war: Sie zogen die 92 schiffbrüchigen Seeleute mithilfe des Seils an den sicheren Strand, darunter ein Baby in einem Postsack. Allerdings verschwimmt der genaue Hergang des Ereignisses im

Dunkel der Zeiten, und es gibt Versionen, in denen der Hund nicht Tang, sondern Wisher heißt und nicht einem Seemann, sondern einen Fischer an Land gehört haben soll. Auf jeden Fall war ein Hund dabei.

Ein namenloser Rüde – Man weiß nicht viel über das Tier, das in der Region des heute nordrhein-westfälischen Leichlingen den Herzog Robert von Berg im Jahr 1424 auf einer Jagd begleitet haben soll. Der Herzog fiel, von seinen Jagdgefährten unbemerkt, vom Pferd und verletzte sich schwer. Niemand bemerkte den fehlenden Adligen, und ihm wäre es sicherlich schlecht ergangen, wäre nicht ein unbekannter Hund so lange und ausdauernd bellend hinter der Jagdgesellschaft hergelaufen, bis diese endlich umkehrte und der Herzog gerettet werden konnte. So soll es gewesen sein, und davon kündet noch heute der Rüdenstein, ein 1927 errichtetes Denkmal. Ob es wirklich so war? Oder gehört die Geschichte in den Bereich der Sagen und Legenden? Einen Herzog Robert von Berg erwähnen die lokalen Chroniken nicht, aber der Heimatforscher Otto Schell und der Schriftsteller Vinzenz Jakob von Zuccalmaglio berichten darüber …

HUNDE MIT GRENZENLOSER TREUE

Treue ist die Eigenschaft, die Menschen an ihren Gefährten auf vier Pfoten besonders schätzen. In menschlichen Paarbeziehungen wird Treue zwar als Wert hochgehalten, aber allzu oft nicht wirklich gelebt, weil Lustgewinn und Selbstentfaltung locken. Bei Beziehungen zwischen Mensch und Hund verhält es sich anders – Hunde sind treu wie Gold, oft über den Tod ihres Menschen hinaus.

Nicoletta – Die Mischlingshündin Nicoletta (2005–2019) verbrachte mehr als zehn Jahre auf dem Friedhof von Panza auf der Insel Ischia am Grab ihres verstorbenen Herrchens, eines deutschen Zuwanderers namens Alfred. Anwohner versorgten sie mit Futter und Wasser und errichteten ihr sogar eine kleine Hundehütte. 2019 starb die Hündin, nun selbst todkrank, aber sie hatte ihrem menschlichen Gefährten die Treue gehalten.

Tommy – Maria Margherita Lochi aus dem italienischen Ort San Donaci bei Brindisi hatte sich um mehrere streunende Hunde gekümmert, aber der Deutsche-Schäferhund-Mischling Tommy (2006–2013) war ihr wohl besonders ans Herz gewachsen. Sie hatte ihn auf einem Feld gefunden und sozusagen adoptiert. Der Hund begleitete Maria Lochi jeden Tag in die Kirche, wo er zu ihren Füßen lag. Auch nach dem Tod seiner Herrin – sie wurde nur 57 Jahre alt – kam er jeden Tag zur Messe in die Kirche. Er überlebte sie allerdings nur um drei Monate und starb mit sieben Jahren.

Hachikō – Die Geschichte des Akitas Hachikō, der am Bahnhof wartete, bewegte ganz Japan und wurde sogar zweifach verfilmt, einmal mit Richard Gere als Hachikōs Herrchen. Im November 1923 wurde Hachikō in der japanischen Präfektur Akita geboren und 1924 von seinem Besitzer, einem Universitätsprofessor namens Hidesaburo Ueno, mit nach Tokio genommen. Einmal dort, begann das schlaue Tier, sein Herrchen jeden Tag bei der Rückkehr aus der Universität am Bahnhof Shibuya zu erwarten. Tragischerweise starb Professor Ueno am 21. Mai 1925 vollkommen unerwartet im Alter von gerade mal 54 Jahren an einer Hirnblutung. Seine Witwe hielt es nicht in Japans größter Stadt, sie zog wenig später aus Tokio fort. Der junge Hachikō wurde daraufhin zu Verwandten in Tokio gegeben, bei denen er bleiben sollte. Doch Hachikō riss täglich aus, um zu einer festen Zeit am Bahnhof auf die vermeintliche Heimkehr Professor Uenos zu warten. Nach einiger Zeit übernahm deshalb Kikuzaburo Kobayashi, der ehemalige Gärtner des Professors, der in der Nähe des Bahnhofs lebte, die Pflege Hachikōs, der sich fortan nicht mehr davon abbringen ließ, jeden Tag am Bahnhof zu warten. Die täglichen Fahrgäste des Bahnhofs gewöhnten sich schnell an Hachikō, und als ein neuer Bahnhofsvorsteher den alten ablöste, richtete ihm der neue Mann sogar einen eigenen Ruheplatz ein, um ihm das Warten zu erleichtern.

Im gleichen Jahr fand ein ehemaliger Student des Professors Interesse an dem außergewöhnlichen Tier und verfasste mehrere Artikel über den treuen Hund. Einer davon wurde in einer Tageszeitung veröffentlicht und machte die breite Öffentlichkeit Japans auf das traurige Schicksal des Hundes aufmerksam. Die Japaner nahmen regen Anteil an der Geschichte von Hund und Herr und feierten Hachikō als treuen Begleiter. 1934 – Hachikō hatte unterdessen neun Jahre treu, aber vergeblich ausgeharrt – errichtete man ihm sogar eine Bronzestatue am westlichen Ausgang des Bahnhofs, dort wo Hachikō immer wartete. Der Hund selbst wohnte den Einweihungsfeierlichkeiten bei. Ein Jahr später, am 8. März 1935, nach nunmehr zehn Jahren des tapferen Wartens, verstarb Hachikō in den Straßen Shibuyas. Er hatte lange Zeit an unerkannten Erkrankungen gelitten. Vergessen wird Japan den treuen Hund wohl nicht. Der Westausgang des Tokioter Bahnhofs heißt *Hachikō Exit,* und der tote Körper des Hundes wurde präpariert und steht nun im Nationalmuseum.

Greyfriars Bobby – Ein Vorfahre im Geiste des treuen japanischen Hundes war ein schottischer Skye Terrier: Greyfriars Bobby lebte im 19. Jahrhundert im schottischen Edinburgh und wurde wie Hachikō durch seine außergewöhnliche Treue zu seinem Besitzer berühmt. Dabei handelte es sich um den Polizisten John Gray, und als dieser 1858 gestorben war, verbrachte Bobby die restlichen 14 Jahre seines Hundelebens am Grab seines Herrn auf dem Friedhof der Greyfriars Kirk in der Edinburgher Altstadt. Seinen Posten verließ er nur, um etwas zu fressen. Man versorgte ihn im nahe gelegenen »Coffee House«, und er machte sich auf den Weg dorthin, wenn mittags die Ein-Uhr-Kanone abgefeuert wurde. Mit der Zeit fanden sich zu diesem Zeitpunkt Schaulustige ein, um ihn auf seinem regelmäßigen Gang zu beobachten. Bobby wurde 16 Jahre alt – weil eine Bestattung auf dem Greyfriars Kirkyard für Tiere nicht gestattet war, begrub man ihn heimlich dort.

Greyfriars Bobbys anrührendes Verhalten fand Niederschlag in zahlreichen Büchern und Filmen, darunter ein Roman von Eleanor Stackhouse Atkinson, verfilmt durch die Walt-Disney-Studios: *Greyfriars Bobby: The True Story of a Dog* von 1961. Auch für die Handlung eines *Lassie*-Films war Bobby wohl das Vorbild.

Auch wenn Zweifler die Existenz von Bobby immer wieder infrage stellten – für den örtlichen Tourismus war die Geschichte ein Segen. So schuf der Bildhauer William Brodie 1872 kurz nach Bobbys Tod eine lebensgroße Statue des treuen Tieres, die nun vor einem Pub am Greyfriars Kirkyard an derart selbstlose Treue erinnert. Auf dem Friedhof selbst ist auch ein Grabstein zu finden, der die Inschrift trägt: »Let his loyalty and devotion be a lesson to us all« (Lasst seine Loyalität und Hingabe uns allen eine Lehre sein). Es dauerte allerdings mehr als 140 Jahre, bis 2016 der Komponist Sven Hellinghausen dem treuen Tier ein Orchesterstück für sinfonisches Blasorchester widmete: »Greyfriars Bobby – Die Geschichte einer bedingungslosen Liebe«.

Jimpa – Ob es die Liebe zu Herrchen war oder allgemein die Sehnsucht nach dem trauten Heim, vermag man nicht mehr zu sagen. Legte doch der treue Labrador-Boxer-Mischling Jimpa 3218 Kilometer auf seinen vier Pfoten zurück, um wieder nach Hause zu kommen. 1979 war der Hund bei der Arbeit auf einer Plantage in Nyabing, Westaustralien, von seinem Herrn getrennt worden. Er brauchte 14 Monate und musste das nahezu baum-

und wasserlose Innere Australiens durchqueren, um nach Victoria im Südosten des Kontinents zu gelangen. Immerhin brachte ihm das einen Eintrag ins *Guinness-Buch der Rekorde*.

Argos – Kaum vorstellbar, es dauerte 20 Jahre, bis Odysseus zurückkam: Hachikō, Greyfriars Bobby – sie beide sind sozusagen die Urenkel zahlloser treuer Gefährten der Menschen in der fernen Vergangenheit. So hatte auch Odysseus, Protagonist in Homers *Odyssee*, um das Jahr 800 vor Christus einen treuen tierischen Begleiter an seiner Seite. Argos, der Hund des griechischen Helden und Herrschers von Ithaka, war als Welpe von eher zurückhaltendem Temperament. Das wusste Odysseus, der ihn als Jagdhund auszubilden gedachte, wenig zu schätzen. So blieb Argos zurück, als sein Herr zu seinem viel beschriebenen großen Abenteuer aufbrach, zur Odyssee.

Als Odysseus zurückkehrte, fand er katastrophale Verhältnisse vor: Nach den langen Jahren seiner Abwesenheit waren seine Besitztümer von falschen Freunden und Feinden in Beschlag genommen worden, die auch schamlos um die Gunst von Odysseus' Frau Penelope buhlten. Doch die verschwenderischen Schmarotzer und falschen Freier wurden weder von Penelope erhört noch gehorchte ihnen der treue Hund Argos, mittlerweile alt und kränklich, aber immer noch auf die Rückkehr seines Herrn wartend. Die Wiedervereinigung von Herr und Hund verlief schnell und tragisch – der Abenteurer kehrte zurück und fand sein Haus und Gut unter der Besatzung der Freier, die sein Vermögen verprassten. Als Bettler getarnt schlich er sich in sein eigenes Haus ein, wo ihn niemand erkannte – bis auf den treuen Hund Argos. Trotz seines hohen Alters und seiner schwachen Gesundheit wedelte das Tier mit dem Schwanz oder – je nach Version der Geschichte – hob seine Ohren und begrüßte so seinen Herrn. Das sah Odysseus und erkannte die Treue seines Hundes, der daraufhin, nach 20 Jahren des Wartens, dahinschied ... Sodann wütete Odysseus, unterstützt von wenigen menschlichen Getreuen, furchtbar unter seinen ungetreuen Freunden und schamlosen Feinden. Aber das ist eine andere Geschichte.

HUNDE IM NATIONALSOZIALISMUS

Im Wesen des Hundes gibt es nicht nur positive Eigenschaften. Schlechte Charakterzüge können unter bestimmten Bedingungen Bedeutung erlangen, nämlich dann, wenn sie mit den verwerflichen Absichten im Wesen von Menschen zusammentreffen. Der Hund eines Diktators ist nicht zwangsläufig böse – aber man vermutet leicht, dass sein hündisches Wesen, seine Unterwürfigkeit und sein Kadavergehorsam des Haustieres den Despoten zu seiner Wahl bewegt hat. Auch verstanden es die menschlichen Bestien, die bestialischen Eigenschaften des Hundes zu wecken. So auch im Nationalsozialismus. In den Konzentrationslagern wurden große Hunde »ausgebildet« und auf die Häftlinge gehetzt.

Blondi – Adolf Hitler soll im Laufe seines Lebens 13 Deutsche Schäferhunde besessen haben. In den Jahren von 1934 bis 1945 lebte die Schäferhündin Blondi mit Hitler und Eva Braun auf dem Berghof in Obersalzberg. Das Tier durfte in der Limousine des Führers mitfahren und spielte eine Rolle in den Propaganda-Narrativen des Dritten Reichs. Blondi ging mit ihrem Herrn und seinem Wahnsinnsregime unter – sie wurde 1945 im Führerbunker vergiftet.

Barry – Der Bernhardiner-Mischling Barry diente dem Regime im Vernichtungslager Treblinka, unter anderem dem KZ-Kommandanten, Untersturmführer der Waffen-SS Kurt Franz, in besonders abscheulicher Weise. Sein gleichnamiger berühmter Vorfahre aus den Alpen würde sich schämen, zur selben Art zu gehören. Im Lager Treblinka zerfleischte Barry auf Befehl des Kommandanten Häftlinge. In dieser Weise wurden »Herrentiere« gegen sogenannte »Untermenschen« eingesetzt – Juden, Kommunisten und russische Kriegsgefangene waren die Opfer.

Hitler und **Rommel** – Der britische Generalstabschef Bernard Montgomery verfügte über einen skurrilen Humor: Er benannte zwei seiner Hunde nach dem Feind. Sein Foxterrier hieß »Hitler«, seinen Spaniel nannte er »Rommel«. Sie begleiteten ihn im Juli 1944 auf dem Feldzug in der Normandie. Der britische Offizier war offensichtlich ausgesprochen tierlieb, gibt es doch ein Foto von ihm und seinen Hunden, auf dem im Hintergrund ein Käfig mit Kanarienvögeln zu sehen ist.

HUNDE IM MILITÄREINSATZ

Militärhunde werden Sie an späterer Stelle noch näher kennenlernen, nämlich unter den »Hundeberufen«. Viele dieser tapferen Gesellen hinterlassen nur geringe Spuren in der Zeit, aber die folgenden Beispiele zeigen, dass einige sich auch einen Platz in der Geschichte gesichert haben.

Bamse (1937–1944) – Der Bernhardiner war während des Zweiten Weltkriegs das Maskottchen der norwegischen Marine in Großbritannien und diente als Schiffshund auf der »Thorodd«, einem Minenräumer.

Conan (* 2015) – Der Belgische Schäferhund, genauer ein Malinois, diente als Militärhund bei den US-amerikanischen Delta Forces. Conan spielte eine wesentliche Rolle bei der Operation Kayla Mueller in Syrien, als er den IS-Anführer Abu Bakr al-Baghdadi stellte. Dieser zündete in auswegloser Lage eine Selbstmordweste, der Hund wurde aber nur leicht verletzt.

Diesel (2008–2015) – Die Belgische Schäferhündin, ebenfalls ein Malinois, arbeitete als Sprengstoffspürhund bei der Spezialeinheit Recherche Assistance Intervention Dissuasion (RAID) der französischen Polizei und wurde im Antiterroreinsatz in Saint Denis getötet.

Stubby (ca. 1916–1926) – Der Bullterrier-Mischling diente 18 Monate in den Schützengräben des Ersten Weltkriegs. Er konnte seine Einheit vor Giftgasangriffen warnen und verwundete Soldaten im Niemandsland zwischen den Fronten finden. Er wurde mehrfach verletzt, mit mehreren Orden ausgezeichnet und erhielt schließlich den Rang eines Sergeants, der einzige Unteroffizier auf vier Pfoten.

Just Nuisance (1937–1944) – Die Deutsche Dogge diente 1944 als Bordhund und Vollmatrose auf der HMS »Afrikander« in der Royal Navy. Durch die Aufnahme in die Marine wurde das Tier davor bewahrt, als streunender Hund zu enden.

HUND AN MENSCH / MENSCH AN HUND: SPRACHLICHES

»Es ist besser, als ein Wolf zu sterben,
denn als ein Hund zu leben.«

Herbert Wehner, deutscher Politiker

DAS VOKABULAR DER HUNDESPRACHE

Erstaunlich, wie gut sich Hunde und (manche) Menschen verstehen – obwohl sie keine gemeinsame Sprache sprechen. Wirklich nicht? Im Laufe der gemeinsamen Geschichte haben sich einige Lautäußerungen, körpersprachliche Zeichen und Gesten entwickelt, die mehr oder weniger universell zwischen Mensch und Hund ausgetauscht werden. Herr und Hund und Frau und Hund verstehen sich auf einer allgemeinen und grundlegenden Ebene zumindest so gut, dass Missverständnisse und Fehlverhalten vermieden werden können. Das grundlegende Vokabular bzw. die grundlegenden Ausdrucksformen eines Hundes sollten auch Menschen kennen, die ihr Leben ohne einen Hund verbringen.

Auf den Rücken legen – Hier handelt es sich nicht um eine eindeutige Aussage, wie manchmal angenommen wird. Es ist nicht immer eine Geste der Unterwürfigkeit. Im positiven Fall will der Hund nur am Bauch gekrault werden – oder aber er leistet passiven Widerstand gegen das, was ein Mensch mit ihm vorhat, zum Beispiel wenn er ins Auto steigen soll, weil es zum Tierarzt geht …

Das **Lefzenlecken** ist aus der Kinderstube von Hunden übrig geblieben und war für die Mutter ein Zeichen, dass ihre Jungen Futter aus ihrem Maul übernehmen wollten. Auch erwachsene Hunde zeigen dieses Verhalten weiter. Vermutlich läuft einem solchen Tier beim Gedanken an das Fressen das Wasser im Mund zusammen.

Die Pfote geben – Diese Geste hat mit dem Welpenalter und dem Verhalten beim Trinken zu tun – es handelt sich um Reste des sogenannten Milchtritts mit dem Zweck, im Gesäuge des Muttertiers die Milchproduktion anzuregen. Der erwachsene Hund, der die Pfote gibt, möchte von seinem Besitzer Aufmerksamkeit oder hat einen Wunsch.

Gähnen – Erstaunlich: Hunde gähnen wie wir Menschen und ihr Gähnen wirkt sogar ansteckend auf ihre Artgenossen. Die Ursachen dafür liegen allerdings etwas anders als bei Menschen. Menschen gähnen, weil sie erschöpft sind und ihr Gehirn mehr Sauerstoff braucht, aber auch weil sie sich langweilen oder gestresst fühlen oder einfach so aus Verlegenheit. Dann handelt es sich um eine sogenannte Übersprungshandlung, die auch Hunde zeigen, die sich nicht wohl in ihrer Haut fühlen und sich ihres Verhaltens unsicher sind. Möglicherweise überfordert sie auch eine gestellte Aufgabe oder die Erwartung, die ihr Mensch an sie hat.

Schwanzwedeln – Nicht immer deutet dieses Verhalten auf freudige Erregung hin. Bei heftigem Wedeln allerdings schon – gute Laune pur. Steht die Rute allerdings still aufrecht oder bewegt sich nur langsam, deutet das auf einen erregten und entschlossenen Hund hin – entschlossen, sich, sein Revier und seine Interessen zu verteidigen. Vorsicht ist geboten. Ein halb hängender, leicht wedelnder Schwanz sagt dem Hundeversteher: Alles easy, normaler Hundealltag eben. Wird der Schwanz zwischen den Hinterläufen eingeklemmt, ängstigt sich der Hund oder ist zumindest stark verunsichert. Er würde sich jetzt sicher über die Unterstützung seines Menschen freuen.

Die spielerische Verbeugung – Vollführt der Hund eine mit einem kleinen Sprung verbundene spielerische Verbeugung vor einem Menschen, möchte er spielen. Der vordere Teil des Hundes liegt flach auf dem Boden, das Hinterteil ist hochgereckt. Das bedeutet: Der Hund möchte Fangen oder mit dem Ball spielen oder dass sein Mensch ein Stöckchen für ihn wirft, das er dann zurückholt. Viele Hunde machen dazu noch lustige Winselgeräusche.

Urinieren – Männliche Hunde grenzen mit ihrem Urin das Revier ab – und sie machen das an vielen markanten Stellen. Darüber hinaus kommt es besonders bei jungen Hunden vor, dass sie bei einer überschwänglichen Begrüßung unkontrolliert Urin verlieren. Wenn man das Tier beruhigt, lassen die überschäumenden Gefühle nach.

HUNDEKOMMANDOS: DER VERSTEHT JEDES WORT!

Über Jahrhunderte nahmen wir an, dass unser treuester Freund, der Hund, mit unseren sprachlichen Äußerungen nicht allzu viel anzufangen weiß. Haustieren, so glaubten wir und so glauben noch immer viele von uns, bleibt die menschliche Kommunikation in ihrer Vielschichtigkeit verschlossen. Hunde verstehen allenfalls einzelne Wörter wie ihren Namen und einfache Kommandos, entschlüsseln aber zusätzlich Signale der Körpersprache, Bewegungen und nicht verbale Lautäußerungen ihres menschlichen Kommunikationspartners und »lesen« darüber hinaus seine Geruchsinformationen. Die Sprache spielt als Informationsträger allenfalls eine nebensächliche Rolle und dient nur zur Übermittlung simpler Befehle.

2016 fanden die Forscher Victoria Ratcliffe und David Reby von der University of Sussex aber Erstaunliches heraus: Wir haben das Verhalten unserer Hunde über lange Zeit falsch verstanden und sie deutlich unterschätzt. Die Wissenschaftler hatten in mehreren Experimenten 25 Hunde mit recht komplexen Laut- und Sprachinformationen versorgt, und zwar über beide Ohren gleichzeitig. Aus dem Verhalten der Tiere konnten sie folgende Erkenntnisse gewinnen: Hunde verarbeiten Sprache ganz ähnlich wie Menschen in beiden Gehirnhälften. Für bedeutungtragende Sprachelemente ist die linke Hirnhälfte zuständig, während Emotionen auslösende Inhalte rechts im Hundehirn verarbeitet werden.

Daraus kann man nun nicht schließen, dass Hunde unsere Sprache ähnlich perfekt wie Menschen verstehen. Jedoch dürfte ihre Wahrnehmung deutlich komplexer sein, als es der Förster von seinem Jagdhund erwartet. Und vielleicht haben gerade Sie einen Wunderhund, der tatsächlich jedes Wort versteht. Es bleibt nur ein Problem: Er kann Ihnen nicht antworten …

Die wichtigsten Hundekommandos

Sie sind sozusagen der kleinste gemeinsame Teiler zwischen dem riesengroßen Vokabular des Menschen und den wenigen Wörtern, die der Hund versteht. Für einen echten Austausch eignen sie sich nicht, zumal sie ohnehin immer nur in eine Richtung gehen: Der Mensch befiehlt, der Hund gehorcht. Das immerhin funktioniert mit einiger Übung. Die unten stehende Liste muss nicht für jeden Menschen und seinen Hund verbindlich sein – persönliche Varianten funktionieren genauso gut.

- **Aus!** – Hör damit auf, was du gerade tust! Lass den Gegenstand fallen, den du gerade im Maul hast!
- **Bei Fuß!** oder einfach **Fuß!** – Nimm die eingeübte Position an der Seite deines Herrn / deiner Herrin ein! Folg dann auf Schritt und Tritt!
- **Bring's her!** oder **Apport!** – Hol den Gegenstand zurück, den ich gerade fortgeworfen habe.
- **Fass!** – Greif deinen (unseren) Feind ernsthaft an! Beiß ihn!
- **Gib Laut!** – Lass deine laute Hundestimme hören!
- **Komm!** oder **Komm her!** – Lauf zu deinem Menschen!

- 💬 **Nein!** – Was auch immer du gerade tust oder auch nur vorhast: Lass es sein!
- 💬 **Platz!** – Leg dich flach auf den Boden!
- 💬 **Sitz!** – Setz dich aufrecht hin!
- 💬 **Such!** – Nutz deine ausgezeichnete Nase, um einer Fährte zu folgen oder etwas zu finden.

HUNDENAMEN 2021

Das Problem ist bekannt: Ein Lebewesen braucht einen passenden Namen. Diese Aufgabenstellung kennen Menschen von ihrem eigenen Nachwuchs. Aber auch wenn sie einen Hund anschaffen, werden einige Überlegungen nötig, denn nicht nur das Tier, sondern auch sein Name wird den Hundebesitzer oder die Hundebesitzerin für die nächsten Jahre begleiten.

Die zehn beliebtesten Namen für Hundedamen in Deutschland

- 🐕 Luna
- 🐕 Nala
- 🐕 Bella
- 🐕 Emma
- 🐕 Frieda/Frida
- 🐕 Maja/Maya
- 🐕 Lilly/Lilli

- 🐾 Amy
- 🐾 Lotte
- 🐾 Kira

Die zehn beliebtesten Namen für Rüden in Deutschland

- 🐾 Balu/Balou
- 🐾 Milow/Mailo/Milo
- 🐾 Charly/Charlie
- 🐾 Buddy
- 🐾 Bruno
- 🐾 Rocky
- 🐾 Sammy
- 🐾 Leo
- 🐾 Sam
- 🐾 Max

Taschenwolf und andere Kosenamen

»Der eigene Hund macht keinen Lärm – er bellt nur.«

Kurt Tucholsky, Schriftsteller

Die »offiziellen« Namen eines Hundes sind nur eine Seite der Medaille. Es könnte einer aus der Liste oben sein oder aber schlimmstenfalls Waldi. An dieser Stelle finden Sie Vorschläge für Kosenamen und liebevolle Bezeichnungen für die wundervollen Minuten, die sie gemeinsam mit Ihrem Hund auf der Sommerwiese im Garten oder auf dem Sofa verbringen, Momente, in denen Sie Ihr Haustier besonders lieben. So wie auch die Wertschätzung für geliebte Menschen ihren Ausdruck in neuen, der Liebe angemessenen Namen findet, so suchen und finden auch Hundefreunde Kosenamen für ihre Lieblinge, die ihre ganze Zuneigung enthalten.

- 🐾 Bamm-Bamm – der kleine Kraftprotz aus der Familie Feuerstein leiht gerne einem Mops seinen Namen
- 🐾 Bienchen – klein und quirlig
- 🐾 Bijou – das französische Schmuckstück passt in jeden eleganten Salon
- 🐾 Blauauge – dieser treue Blick!
- 🐾 Blümchen – klein, hübsch und niedlich
- 🐾 Bommel – so könnte der Hund von Pippi Langstrumpf heißen
- 🐾 Brummbärchen – gemütlich und ein bisschen melancholisch
- 🐾 Buddy – ein Freund in allen Lebenslagen

- 🐾 Candy – einfach süß und wild auf Süßes
- 🐾 Chérie – es muss Liebe sein!
- 🐾 Dicker – wie war das noch mit der Ähnlichkeit zwischen Hund und Herrchen/Frauchen?
- 🐾 Fido – keiner ist so treu wie du (lat. *fides*: treu, zuverlässig)!
- 🐾 Fiffi – echter Klassiker, so hieß schon Urgroßvaters Hund
- 🐾 Filou – schlauer Hund, hat alle Tricks drauf
- 🐾 Fips – klein und niedlich
- 🐾 Flauschi und Flocke – bestehen zu 90 Prozent aus Fell
- 🐾 Floh/Flöhchen – so klein, dass man ihn leicht übersieht
- 🐾 Fluse – noch so ein Pelzbündel
- 🐾 Foxi – so heißen traditionell Terrier
- 🐾 Frechdachs – der Name ist Ansage, kommt bei allen Arten vor
- 🐾 Goldstück – ist das Tier nicht herzig?
- 🐾 Hobbit – eigentlich kein Hundename, na ja, hat Haare auf den Füßen …
- 🐾 Honey – der Name sollte eigentlich für menschliche Lebensgefährten reserviert sein
- 🐾 Hummel – sympathisch-quirlig
- 🐾 Idefix – der Hund aus dem *Asterix*-Comic; passt am besten, wenn der Besitzer wie Obelix aussieht
- 🐾 Jogi oder Yogi – fast so ausgestorben wie Yogi Bär (Trickfilm)
- 🐾 Juwel – entweder für einen teuren Rassehund oder ein Tier, das man besonders wertschätzt
- 🐾 Keks – nach seinem Lieblingsfutter benannt

- Knirps – klein, frech und lebendig; witzig für 80-Kilo-gramm-Mastiffs
- Knuffel, Kuschel, Kuschelbär, Knuddel oder Knuddelmons-ter – der Name ist Programm
- Krümel – klein und liebenswert
- Mausi, Mausebär – ignoriert auf liebenswerte Weise die Art-zugehörigkeit
- Mistvieh – Kosename für ein nicht ganz unproblematisches Tier
- Moppelchen – wie der Herr, so der Hund (Ernährungsbe-ratung?)
- Pelzgurke – tja, für einen Rassehund hat es nicht gereicht
- Pelznase, Plüschnase – wenn das Fell zu groß für den Hund ist
- Puck(i) – ideal für kleine, ständig herumhüpfende Hunde
- Pupsi, Stinker – hoffen wir, dass der Name nicht Programm ist
- Purzel – noch so ein Hundeklassiker
- Puschel – der Name ist eine Aufforderung
- Runter vom Sofa – ein Fall von missglückter Erziehung
- Schmusebacke, Schmusebärchen, Schmuser – ob das noch artgerechte Haltung ist?
- Schnäuzchen, Schleckchen – ideal für echte Knutschhunde
- Schnucki – ist er nicht schnuckelig?
- Schnuffel, Schnuffi – es kuschelt hier das Kuscheltier
- Snoopy – mag auch »Peanuts«
- Tapsi – nur solange die Pfoten größer sind als der Hund

- Taschenwolf – auf dem Sofa ganz oben an der Spitze der Nahrungskette
- Teddy – eigentlich kein Hund, sondern ein Schmusebär
- Teufelchen – die kleine Ausgabe vom Mistvieh
- Tweetie – sorry, das ist der Kanarienvogel

Schimpfwörter für den Hund

»Du Hund!« eignet sich ja schon selbst als Schimpfwort, trifft aber einen Hund nicht sonderlich – schließlich ist er ja tatsächlich einer. Das sprachliche Waffenarsenal, geeignet, einen Hund zu beschimpfen, ist nicht sonderlich groß, aber doch durchaus wirkungsstark.

Anstandswauwau – Dieser Hund ist eigentlich keiner, sondern ein Mensch, der in vergangenen und verklemmten Zeiten über Sitte und Anstand wachte, wenn ein potenziell erotisch engagiertes Paar zur Sache kommen wollte. Diese Person hatte durchaus die Funktion eines Wachhundes – daher der Name. Die Haustiere der Gattung Canis können nichts dafür.

Baumpisser – dieses Schimpfwort reduziert das wunderbare Wesen Hund auf eine seiner primitivsten Funktionen und behauptet unterschwellig auch noch, dass der Baum ein durch den gelben Strahl geschädigtes Wesen sein könnte. Wer einen Hund so beschimpft, hat nichts begriffen.

Budenscheißer – Anders als beim Baumpisser steckt in dieser Beschimpfung eine gute Portion gelebte Erkenntnis und schmerzvolle Erfahrung. Das Schimpfwort wird gegenüber dem eigenen Hund so lange benutzt, bis er stubenrein ist – wenn er nicht zuvor an seinen Lieferanten zurückgegeben wird.

Himmelhund – Der Himmelhund ist ein Lebenskünstler, ein waghalsiger Typ, der sich auch auf Risiken einlässt, aber auch ein Schuft, ein gewissenloser Mensch. Was diese charakterliche Festlegung mit dem Hund zu tun hat, bleibt unklar. Deutungsversuche mithilfe der asiatischen und nordischen Mythologie führen zu keinem glaubwürdigen Ergebnis.

Köter – In dieser Bezeichnung für einen Hund schwingen das feige und unstete Wesen, das Straßenleben, das schmutzige Fell und die ungeklärte Herkunft und Rassezugehörigkeit mit. So möchte sicher kein Hund genannt werden.

Nuttenwolf – Wie diskreditiert man einen niedlichen Schoßhund? Indem man den guten Ruf seiner Halterin infrage stellt und sich auch noch über die Größe des Tieres lustig macht, das ja alles andere als ein Wolf ist. Yorkshire-Terrier hassen diese Bezeichnung.

Sauhund – Schwingt beim Himmelhund noch etwas Bewunderung für den Wagemut und den Einfallsreichtum mit, so ist der Sauhund durchgängig ablehnend und brüskierend gemeint.

Deutlich schlimmer als ein Sauhund auf vier Beinen – ein solcher klaut vielleicht einmal einen Sonntagsbraten – sind Sauhunde auf zwei Beinen.

Töle – Im Gegensatz zum Köter, dessen Charakterbild ja schon schlimm genug ist, kommt bei der Töle noch eine Portion Unge-schicklichkeit und Dummheit hinzu. Auch das Maß an Hässlich-keit reicht bis zum Anschlag der noch zu erstellenden Köterskala.

IRRTÜMER ÜBER HUNDE

»Viele Menschen wissen von ihren Hunden
nicht viel mehr, als was sie gekostet haben.«

Horst Stern, deutscher Journalist

HUNDE, DIE BELLEN, BEISSEN NICHT

Diese Redensart mag im übertragenen Sinne für Menschen gelten. Wer viel Lärm macht, ist nicht unbedingt ein gefährlicher Gegner. Bei Hunden allerdings funktioniert sie nicht, jedenfalls nicht als simple Faustregel. Jeder Hund ist ein Individuum, das auf so eine einfache Art und Weise nicht einzuschätzen ist. Wer wissen will, ob der Kontakt mit einem bellenden Hund sicher ist, muss seine Körpersprache, sein ganzes Verhalten wahrnehmen und interpretieren. Es beginnt bei der Art des Bellens – ein halbherziges Kläffen kommt nicht von einem gefährlichen Kampfhund. Aber es gibt weitere Informationen, besonders die Mimik des Hundes spielt eine Rolle. Bevor sich ein Hund auf Sie stürzt oder zubeißt, können Sie wahrscheinlich folgende Beobachtungen machen (die Sie hoffentlich dazu veranlassen, weitere Annäherungsversuche zu unterlassen):

✘ Er fletscht die Zähne, zieht die Lefzen hoch, die Zähne sind entblößt. Aggressivität steht Hunden – wie Menschen – ins Gesicht geschrieben.

✘ Der Hund knurrt – letzte Warnung!

✘ Die Rückenhaare sind zu einem Kamm gesträubt.

✘ Sämtliche Körpermuskeln sind angespannt.

✘ Der Hund blickt Sie direkt an.

Fazit: Allzu einfache Redensarten besser durch genaue Beobachtung überprüfen!

HUNDE, DIE MIT DEM SCHWANZ WEDELN, FREUEN SICH

Eigentlich bedeutet das Schwanzwedeln: Der Hund ist aufgeregt, wachsam, handlungsbereit. Ja, auch wenn er freudig erregt ist, wedelt er mit dem Schwanz. Deshalb mag im häuslichen Umfeld des Hundehalters die eigentlich nicht ganz richtige Deutung »Er freut sich!« zutreffen. Was der Hund aber letztlich ausdrücken will, hängt von seiner Körpersprache ab. Wenn er sich zum Beispiel mit hocherhobenem Kopf und aufgestellten Ohren groß macht (Imponiergehabe), mag das Wedeln mit dem Schwanz auch der Verteilung seines Duftes in der Umgebung dienen. Die Sprache der Hunde ist eben eine Fremdsprache für uns Menschen, die es zu erlernen gilt. Immer daran denken: Einen fremden Hund kann man leicht missverstehen.

 ## HUNDE BESTIMMTER RASSEN SIND GEFÄHRLICH

So steht es zum Beispiel im Hundegesetz für das Land Nordrhein-Westfalen (Landeshundegesetz – LHundG NRW): Gefährliche Hunde sind Hunde der Rassen Pittbull Terrier, American Staffordshire Terrier, Staffordshire Bullterrier und Bullterrier und deren Kreuzungen untereinander sowie deren Kreuzungen mit anderen Hunden. Allerdings belegen Studien, dass diese Hunderassen nicht aggressiver reagieren als andere Hunde.

Eine Dissertation der Freien Universität Berlin stellt klar: Es gibt keine Hunderasse, die statistisch mehr beißt als andere. Ob ein Hund aggressiv und gefährlich ist, hängt von den Menschen ab, die ihn halten und erziehen. Dabei muss man sich aber klarmachen, dass ein falsch erzogener Yorkshire-Terrier wegen seiner geringen Größe weitaus weniger Schaden anrichten kann als ein sogenannter Kampfhund mit starker Muskelentwicklung und gefährlichem Gebiss. Insofern kommt es durchaus auf die Rasse an.

RASSEHUNDE SIND NICHT SO GESUND WIE MISCHLINGE

Mischlinge haben den Vorteil, dass sie im Vergleich zu Rassehunden aus einem größeren Genpool stammen; das verringert die Gefahr für die Weitergabe von arttypischen Erbkrankheiten und inzuchtbedingten Fehlbildungen. Ob ein einzelnes Tier gesund oder krank ist, hängt allerdings von vielen Faktoren ab, unter anderem auch von der züchterischen Sorgfalt. Hunde aus sogenannten Qualzuchten (zum Beispiel mit verkürzter Nase) sind für bestimmte Krankheiten anfälliger. Wie gesund oder krank ein Mischling ist, ist auch durch die in seinen Genen enthaltenen unterschiedlichen Rassen bedingt.

Die Lebenserwartung von Hunden hängt aber vor allem auch von der Größe ab. Kleinere Hunderassen leben länger als große Hunde. Bestimmte Rassen sind allerdings im Nachteil: Die Deutsche Dogge, der Berner Sennenhund und der Irische Wolfshund werden in der Regel nur 6 bis 10 Jahre alt – individuelle Ausnahmen bestätigen die Regel.

WELPENSCHUTZ SCHÜTZT JUNGE HUNDE

Junge Hunde genießen eine gewisse Narrenfreiheit gegenüber ihren älteren Artgenossen – im eigenen Rudel. Es ist schon erstaunlich, was sich die Jungen herausnehmen dürfen. Wenn sie es allerdings zu arg treiben, werden sie auch in der Familie gerüffelt – auch junge Hunde brauchen Erziehung.

Hundebesitzer, die allerdings glauben, ihre Welpen seien auch beim Gassigehen im Stadtpark vor den Übergriffen aggressiver Artgenossen geschützt, weil sie ja Welpenschutz haben, irren sich gründlich. Besonders Rüden reagieren auf fremde Jungtiere aggressiv.

HUNDE WERDEN VON SÜSSIGKEITEN BLIND

Quatsch, allenfalls bekommen sie schlechte Zähne und werden dick, sagen Tierärzte. Was Hunden aber tatsächlich einen gewissen Schaden zufügen kann, ist Schokolade, besonders dunkle Schokolade. Sie enthält Theobromin, einen Stoff, der in größeren Mengen für Hunde giftig ist, weil ihr Körper diese Substanz langsamer abbaut als der menschliche Organismus. Besonders kleine Hunde mit großem Hunger auf Schokolade sind in Gefahr. Ein mittelgroßer Hund müsste schon mehr als zwei Tafeln Schokolade auf einmal vertilgen, um Vergiftungserscheinungen wie Erbrechen, Muskelzittern und Durchfall zu zeigen. Bei kleineren Tieren genügt entsprechend eine geringere Menge.

REKORDE UND
ÜBERRASCHENDE FAKTEN

»Jeder denkt von sich, dass er den tollsten Hund hat.
Und keiner von ihnen hat unrecht.«

W. R. Purche, Autor eines Hunderatgebers

Rekorde haben Menschen schon immer interessiert. Wie klein, groß, schnell, schwer oder teuer ist etwas? Es sind Zweifel angebracht, ob ein Hund das folgende Kapitel wichtig nehmen würde, wenn er es lesen könnte. Vermutlich beeindrucken unsere Gefährten auf vier Pfoten nüchterne Zahlen nicht sonderlich. Dennoch hier einige Fakten für das sensationslüsterne Wesen Mensch:

🏆 Der älteste Hund der Welt? Australian Cattle Dog Bluey wurde 29 Jahre und 5 Monate alt – Australian-Kelpie-Hündin Maggie, gestorben 2016, erreichte allerdings die 30 Jahre. In Australien scheinen Hunde ziemlich alt zu werden.

🏆 Das Gebiss der Hunde stellt das menschliche in den Schatten. Hunde haben 42 Zähne, Menschen bringen es nur auf 32.

🏆 Während die menschliche Nase mit etwa 5 Millionen Riechzellen auskommen muss, verfügen Hunde, je nach Art, über 125 bis 225 Millionen dieser spezialisierten Sinneszellen. Deshalb kann ein Hund auch etwa eine Million Gerüche unterscheiden. Die Fläche der Nasenschleimhaut von Hunden ist 50-mal größer als die der menschlichen Nase.

🏆 Im Gegensatz zu anderen Säugetierarten verfügen Hunde über eine ausgeprägte Mimik. Während zum Beispiel Bären kaum eine Regung zeigen, können sich Hunde ihrer Umwelt mit bis zu 100 unterschiedlichen Gesichtsausdrücken mitteilen.

🏆 Hunde können die menschliche Mimik deuten – ein revolutionärer Fortschritt, der sich während der langen gemeinsamen Geschichte entwickelt hat.

- ♔ Als der größte Hund der Welt wird die Deutsche Dogge angesehen. Ein besonders großes Exemplar soll 1,09 Meter hoch und 2,2 Meter lang gewesen sein.

- ♔ Der dickste Hund – ein Mastiff – soll 155 Kilogramm gewogen haben.

- ♔ Die kleinste Hunderasse ist der Chihuahua. Mit nur 100 Gramm Körpergewicht und 10 Zentimeter Körperlänge ist er ein echter Zwerg.

- ♔ Windhunde können bis zu 80 km/h erreichen. Damit sind sie aber nicht das schnellste Säugetier, eine Katze übertrifft sie: Geparden sollen bis zu 120 km/h schnell sein, allerdings nur über kurze Strecken.

- ♔ In der Farbwahrnehmung unterscheiden sich Menschen und Hunde. Deren Farbspektrum kennt nur die beiden Farben Blau und Gelb.

- ♔ Hunde sehen bei schwachem Licht deutlich besser als Menschen. Auf ihrer Netzhaut finden sich erheblich mehr Stäbchen als auf der menschlichen – ein Vorteil in der Dämmerung.

- ♔ Neugeborene Hunde öffnen erst nach 10 bis 15 Tagen die Augen und können erst nach etwa einem Monat klar sehen.

- ♔ Die Welpen von Dalmatinern kommen weiß auf die Welt. Punkte bekommen sie erst später.

- ♔ Der Abdruck einer Hundenase unterscheidet sich von Tier zu Tier – er könnte wie ein Fingerabdruck als sicheres Unterscheidungsmerkmal zwischen den Individuen genutzt werden.

♙ Hunde sprechen zwar die menschliche Sprache nicht, können aber bis zu 250 Wörter und Gesten unterscheiden und verstehen.

♙ Die Hunderassen gelten als unterschiedlich intelligent. Auf Platz eins findet sich der Border Collie, gefolgt von Pudel und Deutschem Schäferhund.

♙ Die Zunge von Hunden ist rosa. Nur die chinesischen Rassen Chow-Chow und Shar-Pei haben eine blaue Zunge.

♙ Die Zunge ist bei Hunden das wichtigste Organ für die Wärmeregulierung. Sie hecheln zur Wärmeregulierung. Die einzige weitere Hilfe sind ein paar wenige Schweißdrüsen an den Pfoten.

♙ Bernhardiner-Hündin Mochi aus South Dakota, USA, hat mit einer Länge von 18,58 Zentimetern die längste Zunge aller lebenden Hunde. Den Rekord für die längste Zunge, die jemals bei einem Hund gemessen wurde, hält Boxer-Hündin Brandy: 43 Zentimeter.

♙ Als der teuerste Hund der Welt gilt die Tibetanische Dogge, auch Tibetanischer Mastiff genannt. Ein Exemplar mit dem Namen Dazhewang wurde 2020 für 1,5 Millionen Euro verkauft. Die seltenen Tiere gelten als Statussymbol bei superreichen Chinesen.

♙ Den Höhenrekord für Hunde hält vermutlich die Golden-Retriever-Hündin Rubia. Gemeinsam mit Marc Ortega und Carlos Valverde, zwei Wanderaktivisten, bestieg sie im Rahmen einer Studie über Höheneffekte auf Hunde den Aconcagua in Argentinien: 6959 Meter.

🏆 Einen zweifelhaften Rekord hält Sam, ein Chinesischer Schopfhund, verstorben im November 2005. Er wurde dreimal zum hässlichsten Hund der Welt gewählt. Ein Segen, dass er es nicht weiß.

🏆 Nicht nur Menschen halten sich Hunde. Eine Gruppe von Pavianen in Saudi-Arabien hat Welpen gekidnappt und in ihren Sozialverband eingegliedert.

🏆 Ein guter Grund für einen Mann, sich einen Hund zu halten: Frauen finden Männer mit einem Hund dreimal attraktiver.

🏆 Tierschutz ist wichtig: Männer, die im US-Bundesstaat South Carolina ihren Hund schlagen, erhalten unter Umständen höhere Gefängnisstrafen, als wenn sie ihre Ehefrau verprügeln würden.

🏆 Im US-Bundesstaat Minnesota ist die Tierliebe so groß, dass die Bürger einen Hund zum Ehrenbürgermeister gewählt haben – und das gleich dreimal in Folge. Zweimal wurde Pyrenäenberghund Duke im Amt bestätigt.

🏆 Es gibt eine Hunderasse, die nicht bellen kann, dafür aber jodeln: So ähnlich klingt das Geräusch, das Basenjis hervorbringen können.

🏆 Nicht nur bei den Menschen gibt es Rechts- und Linkshänder. Auch mancher Hund hat eine Vorliebe für die eine oder die andere Pfote: Ein Drittel entscheidet sich für links, ein anderes Drittel für rechts. Der Rest ist unentschieden.

🏆 Täglich bleiben 55 Tonnen Hundekot auf den Straßen von

Berlin liegen. Darin enthalten sind 165 Millionen Eier des Spulwurms Toxocara canis, die auch bei Menschen Krankheiten verursachen können.

DIE SELTSAMSTEN REKORDE

Hunde haben sich diese Spitzenleistungen vermutlich nicht einfallen lassen …

- 🌐 Die englische Bulldogge **Otto** fuhr am 15. November 2015 auf einem Skateboard durch einen menschlichen Tunnel, der von 30 Personen gebildet wurde.
- 🌐 Die japanische Beagle-Hündin **Purin** aus Japan fing im März 2015 14 Minifußbälle in einer Minute mit ihren Vorderpfoten. Ein Jahr später stellte Purin ihren zweiten Weltrekord auf: Sie legte in nur 11,9 Sekunden volle 10 Meter auf einem Gymnastikball balancierend zurück.
- 🌐 **Abbie Girl,** eine Australian-Kelpie-Hündin, hält den Weltrekord für die längste von einem Hund gesurfte Welle. Am Ocean Beach, San Diego, blieb sie 107,2 Meter auf dem Brett. Weltrekord!
- 🌐 Australian-Shepherd-Border-Collie-Mix **Sweet Pea** balancierte ein gefülltes Wasserglas in einer Fernsehshow zehn Stufen eine Treppe hinunter.
- 🌐 Greyhound **Feather** aus Maryland, USA, sprang im September 2017 über eine Hürde von 191,7 Zentimeter Höhe.

- Der Irische Wolfshund **Keon** hält den Weltrekord für den längsten Schwanz eines Hundes: 76,8 Zentimeter.

- Es passt zum lebhaften Wesen seiner Rasse: Jack Russell Terrier **Twinkie** aus Kalifornien brachte 100 Luftballons in nur 39,08 Sekunden zum Platzen. Er brach damit den drei Jahre alten bisherigen Rekord – seiner Mutter …

- **Lobo,** ein Alaskan Malamute, zog in den frühen 1970er-Jahren einen 4560 Kilogramm schweren Anhänger, was ihm den Ruf einbrachte, der stärkste Hund der Welt zu sein.

- **Charly,** ein Deutscher Schäferhund, soll 1978 während der Dreharbeiten für eine Fernsehshow einen Weitsprungrekord aufgestellt haben: Er überbrückte die Distanz von 5,3 Metern mit einem einzigen Satz.

- Ein anderer Deutscher Schäferhund mit Namen **Volse** hält seit November 1989 den Hochsprungweltrekord: 3,58 Meter.

HUNDE AUF DROGEN: WARUM DER HUND AN DER KRÖTE LECKT

Drogenspürhunde können menschliche Drogenkonsumenten ganz schön in die Bredouille bringen, wenn sie Haschisch, Kokain oder Opium im Auftrag der Drogenfahnder erschnüffeln. Dabei sind Hunde selbst keine Engel, was den Drogenkonsum angeht (was für ein schräges Bild …). Nein, Hunde rauchen keine Joints, aber sie … lecken an Kröten.

Zumindest dort, wo es sich lohnt, an Kröten zu lecken, genauer gesagt an Aga-Kröten (Bufo marinus). Diese Art gehört zur Fauna von Mittel- und Südamerika, hat es aber irgendwie über den Pazifik geschafft und zählt zu den invasiven Arten in Australien. Die Australier tun alles, um das bis zu 22 Zentimeter lange und etwa 1 Kilogramm schwere Riesenamphibium wieder auszurotten, während Australiens Hunde die Kröten mögen. Die sondern nämlich aus Drüsen auf ihrem Rücken einen Schleim ab, der gleich einen ganzen Cocktail giftiger, aber auch halluzinogener Substanzen enthält: Bufotenin, Dimethyltryptamin (DMT), 5-MeO-DMT, Bufotalin, Bufotoxin und andere Stoffe. Sich mithilfe einer solchen Kröte einen Rauschzustand zu verschaffen, ist ein Balanceakt auf Messers Schneide, denn zwischen Wirkung und Tod gibt es nur einen schmalen Grat. Es wird berichtet, dass Hunde, die eine Kröte im Maul trugen, bereits nach 15 Minuten gestorben sind.

Offenbar haben sich aber in neuerer Zeit manche Hunde des sechsten Kontinents ein bisschen an die Toxizität dieser Stoffe gewöhnt, denn sie sterben nicht gleich reihenweise, sondern sind erst einmal high. Dann sterben sie immer noch nicht, sondern suchen nach einer Weile die Kröte wieder auf und lecken ein zweites Mal an ihr und später dann ein drittes Mal … Experten berichten, dass die Tiere nach einem solchen Besuch bei der Kröte sehr glücklich ausgesehen haben.

Auch immer mehr Menschen nutzen die Kröte als kostenlosen Drogenlieferanten, was aber nicht nur wegen der Giftigkeit der

Tiere, sondern auch wegen bestimmter tierquälerischer Praktiken bei der Drogengewinnung für den menschlichen Gebrauch abzulehnen ist.

WALDI IN DER HALFPIPE

Skateboards wurden ursprünglich für Menschen gemacht, und Menschen sollten es sein, die in der Halfpipe dem Skateboard neue Qualitäten abgewinnen. Wenn man allerdings der Schwarmintelligenz des Internets folgt, so ist das Skateboard das genuine Freizeitgerät für Hunde. Sie heißen Zack the Wonderdog, Babbz, Dash the Daredevil, Bamboo, Biuf, Xiao Bai, Jumpy, Gizmo, Fluffy oder sonst wie. Bulldogge Tyson – Hunde dieser Rasse verfügen über einen besonders niedrigen Schwerpunkt – war einer der Pioniere als Hund auf dem Brett, Bulldogge Tillman (2005–2015) hielt lange Zeit den Geschwindigkeitsweltrekord über die Distanz von 100 Metern. Trotz seiner 27 Kilogramm Lebendgewicht legte Tillman 2009 die Strecke in 19,67 Sekunden zurück. Am 16. September 2013 jedoch entthronte ihn ein Hund namens Jumpy: 19,65 Sekunden. Andere Hunde glänzen in anderen Disziplinen; Extreme Pete, ein Jack Russell Terrier, fährt nicht nur in der Halfpipe, sondern auch über Treppen.

Kurz: Hunde aller Art nutzen weltweit das Skateboard – zwar nicht ohne jede menschliche Hilfe, aber nach einer Phase des

Lernens doch aus eigenem Antrieb autonom und mit großem Geschick. Dabei beherrschen sie viele Techniken, die auch menschliche Skateboarder kennen. Sie springen auf das rollende Gerät, verlagern ihr Gewicht, um die Richtung zu wechseln, drehen sich um oder rücken, wenn nötig, das Skateboard mit dem Maul zurecht – das können nur die wenigsten menschlichen Skateboarder. Auffällig bei manchen Hunden ist die heraushängende Zunge in voller Fahrt – die Tiere scheinen den kühlenden Luftzug zu genießen.

TOTE DURCH HUNDE

25 000 – So viele Menschen sterben jedes Jahr weltweit direkt oder indirekt durch das Haustier Hund. Jedes Jahr werden allein in Deutschland zwischen 30 000 und 50 000 Menschen von Haustieren gebissen, wie eine Schätzung des *Deutschen Ärzteblattes* für das Jahr 2015 angibt. Genauere Zahlen liegen nicht vor, es besteht keine Meldepflicht. Meist sind Hunde die Verursacher der Verletzungen, gefolgt von Katzen. Dabei sind männliche Hunde deutlich häufiger die Täter als Weibchen. Weitere Fakten: Angriffe durch unbekannte Hunde sind selten, meist kennen sich der Hund und sein Opfer. Oft ist es das eigene Tier oder das eines Nachbarn. Kinder sind die häufigsten Opfer von Beißattacken, und jüngere Kinder werden besonders häufig in Kopf und Hals gebissen, ältere in Arme und Beine.

Die Beißstatistiken werden von Schäferhunden angeführt, Bullterrier und Rottweiler belegen die traurigen weiteren Plätze. Allerdings haben die Bisse nur für höchstens etwa sechs Betroffene im Jahr tödliche Folgen, meist sind es deutlich weniger.

Es muss jedoch gesagt werden, dass Hunde nicht nur durch Angriffe Menschen töten, sondern auch durch die Übertragung von Parasiten wie dem Fuchsbandwurm und durch Krankheiten wie zum Beispiel die Tollwut.

CAVE CANEM

»Vorsicht, bissiger Hund!« oder »Warnung vor dem Hunde« – so lautet heute der Text auf einem Warnschild, wenn jemand auf seinen gefährlichen Wachhund aufmerksam machen will – oder auch nur vortäuschen möchte, dass ein solcher im Haus weilt. Auch in der Antike war der Hund ein beliebter Hauswächter, und auch dort befleißigte man sich warnender Hinweise für seine Mitmenschen, die nicht unnötig verletzt oder geschädigt werden sollten. »Cave canem!« sind die beiden Worte in der lateinischen Sprache. Das Verb *cavere* bedeutet »sich scheuen«, »sich hüten« und *canis* ist, wie nicht anders zu erwarten, der Hund. Die Botschaft lautet also klar und eindeutig: »Hüte dich vor dem Hund!«

Die alten Römer übermittelten diese Warnung in einem Fußbodenmosaik oder als Teil eines Wandgemäldes, beide Variationen sind uns bis heute erhalten geblieben. Der gebildete Haus- und Grundbesitzer warnt auch heute noch auf einem geschmackvoll gestalteten Schild mit ebendiesen Worten – und hofft, dass Einbrecher und Besucher die lateinische Sprache verstehen …

VERSUCHSTIERE UND FORSCHUNGSOBJEKTE

»Man kann in die Tiere nichts hineinprügeln,
aber man kann manches aus ihnen herausstreicheln.«

Astrid Lindgren, Schriftstellerin

Die Hunde, die im sozialen Zusammenleben mit Wissenschaftlern eine Rolle spielten, hatten Glück. Schlimm für sie konnte es werden, wenn sie selbst zum Forschungsobjekt gemacht wurden oder als Hilfsmittel der Forschung zum Einsatz kamen – oft ohne Rücksicht auf ihre Existenz als fühlendes Lebewesen. Die folgenden Kaniden machten sich in der einen oder anderen Weise um die Wissenschaft verdient – oder die Wissenschaft spielte ihnen übel mit, je nach Gesichtspunkt …

2005: Der erste geklonte Hund – Der Afghanische Windhund Snuppy kam am 24. April 2005 als erster geklonter Hund auf die Welt, erzeugt von dem südkoreanischen Veterinärmediziner Hwang Woo Suk. Das duplizierte Tier ohne leibliche Eltern wurde immerhin zehn Jahre alt.

1894: Tod durch Schlafentzug – Die russische Wissenschaftlerin Marie de Manacéine brachte Hundewelpen um den Schlaf: Der erste junge Hund starb nach 96 Stunden, der letzte überlebte 143 Stunden ohne Schlaf. Der grausame Versuch zeigte, dass vollständiger Schlafentzug tödlicher wirkt als ein Mangel an Nahrung. Denselben Zeitraum ohne Futter hätten die jungen Hunde vermutlich problemlos überstanden. Das Buch über die Schlafexperimente der Marie de Manacéine wurde als Taschenbuch wieder aufgelegt und kann noch heute käuflich erworben werden.

1902: Sabbernde Hunde – Genuines Produkt der Forschungen des russischen Mediziners und Physiologen Iwan Petrowitsch

Pawlow (1849–1936) ist das Prinzip der klassischen Konditionierung, in Experimenten gefunden am sogenannten pawlowschen Hund: Pawlow stellte fest, dass der Speichelfluss bei Hunden nicht erst direkt beim Vorgang des Fressens beginnt, sondern dass die Tiere schon beim Anblick ihrer Nahrung Speichel absondern. Der optische Reiz der angebotenen Nahrungsmittel genügte. Mehr noch: Schon wenn Pawlow regelmäßig vor dem Fressen eine Glocke läutete, setzte bei den Hunden Speichelfluss ein. Pawlow hatte Reiz und Reaktion neu miteinander verknüpft und die Hunde, wie er es ausdrückte, konditioniert.

1954: Der zweiköpfige Hund – Der russische Forscher Wladimir Demikow (1916–1998) bereicherte 1954 die natürliche Fauna um neue Horrorwesen: Er schuf mehrere zweiköpfige Hunde. Auf den Hals eines deutschen Schäferhundes setzte er den Kopf und die Schultern eines Welpen. Aß der eine Kopf, aß auch der andere, gähnte der eine, tat es auch der andere. Für Kummer sorgte nur, dass der ältere Kopf gelegentlich versuchte, den jüngeren abzuschütteln. Der wiederum versuchte, dem anderen ins Ohr zu beißen. Keines der Monstertiere lebte länger als einen Monat. Doch gilt das Experiment als wegweisend für die Transplantationsforschung und als wichtiger Versuch unter anderem für Herztransplantationen bei Menschen. Der südafrikanische Herzchirurg Christiaan Barnard (1922–2001), dem 1967 die erste Herztransplantation an einem Menschen gelang, betrachtete Demikow als seinen Lehrer und besuchte dessen Forschungseinrichtung 1960 und 1963, um dort Operationstechniken zu studieren, die Demikow bei Versuchen an über 250 Hunden ermittelt hatte.

2002: Gut gebellt, Bello! – Keita Sato, der Präsident des Spielzeugherstellers Takara Co., Matsumi Suzuki, Präsident des Japan Acoustic Lab, und Norio Kogure, Executive Director des Kogure Veterinary Hospital, bündelten ihre Kräfte und ihr Wissen, um eine bedeutende Lücke im Kommunikationsprozess zwischen den Arten zu schließen: Sie entwickelten »Bow-Lingual« (auch »BowLingual« und »Bow Lingual«), eine computerbasierte Übersetzungshilfe für die Sprache des Hundes. Sagen Sie doch selbst: Wie oft kommt es zu Missverständnissen zwischen Menschen und Hunden? Wie oft liegt der Besitzer eines Kampfhundes falsch, wenn er die Geräusche seines Tieres mit »Der will doch nur spielen!« übersetzt? Wie oft missverstehen Hunde den örtlichen Postboten?

Der »Bow Lingual Bark Translator« erhielt nicht nur die Auszeichnung des *Time Magazine* für die »Beste Erfindung des Jahres 2002«, sondern wurde auch mit dem ig-Nobelpreis für Frieden ausgezeichnet, eine Art Nobelpreis für leicht abstruse Forschungen und ihre Ergebnisse. Zwar übersetzt das Gerät nicht wortwörtlich, was der Hund gerade sagt, es kann aber immerhin sechs Grundstimmungen des Tieres anhand seiner Lautäußerungen erkennen: glücklich, traurig, frustriert, wachsam, durchsetzungsfähig, bedürftig. Wer Glück hat, kann ein solches Gerät heute noch gebraucht im Internet kaufen. Preis: so um die 79 Dollar.

2013: Der magnetische Hund – Sie schlafen auch immer mit dem Kopf nach Norden und den Füßen nach Süden? Richtig, es ist nicht gut, quer zu den Feldlinien des Erdmagnetfeldes zu nächtigen. Hunde wissen offenbar aber auch, dass es nicht gut ist, quer zu den magnetischen Feldlinien des Planeten Erde zu pinkeln bzw. seine Würstchen zu verstreuen. Genau das fand ein wissenschaftliches Großteam aus der Tschechischen Republik heraus – eine Erkenntnis, die zum Beispiel der desorientierte Wanderer ohne Karte und Kompass für sich nutzen kann. Merksatz: Norden ist immer dort, wohin der Hund pinkelt. Dafür gab es 2014 einen ig-Nobelpreis für Biologie.

1972: Shock the Puppy – Tierversuche in schlimmster Ausprägung: Quasi elektrisiert von Stanley Milgrams Gehorsamkeitsexperiment, bei dem Menschen andere Menschen folterten – allerdings nur scheinbar und mit fingierten Schmerzenslauten –, begannen Forscher in den nachfolgenden Jahren Untersuchungen, um dessen Ergebnisse zu bestätigen oder infrage zu stellen. So fragten sich Charles Sheridan (University of Missouri) und Richard King (University of California, Berkeley), ob die Testpersonen nicht möglicherweise das Milgram-Experiment durchschaut und bemerkt hatten, dass die Schreie der mit Elektroschocks »bestraften« Opfer nicht echt waren, und deshalb einfach nur weiter mitgespielt hatten. Auskunft über die tatsächlichen Zusammenhänge konnte nur ein Experiment geben, in dem das Opfer die Elektroschocks tatsächlich erhielt und die Schmerzenslaute echt waren. Versuche mit Menschen verboten sich von selbst, also musste wieder einmal ein Tier unter dem menschlichen Wissensdurst leiden. In diesem Fall war es ein junger Hund. Versuchspersonen waren Studenten eines Bachelorkurses, und ihr Opfer, der Hund, musste zwischen einem blinkenden und einem stetig leuchtenden Licht unterscheiden, indem er einen bestimmten Platz einnahm. Auf Fehler des Tieres sollten die Probanden wie in Milgrams Experiment mit sich steigernden Elektroschocks reagieren, die der Hund tatsächlich erhielt. Das Tier bellte zunächst, reagierte mit erschreckten Bewegungen und begann mit zunehmender Intensität der Stromstöße schließlich jämmerlich zu heulen.

Die Versuchspersonen reagierten keineswegs gelassen. Sie waren von den Folgen ihrer Handlungen geschockt und erschrocken, litten wie ihr Opfer, traten unruhig von einem Fuß auf den anderen, versuchten, dem Hund bei der Lösung seiner Aufgabe zu helfen, indem sie ihm die richtige Position zeigten, verabreichten ihm aber immer den nächstheftigeren Elektroschock, wenn das Tier falsch handelte. Einige Testpersonen begannen im Verlauf des Versuches hemmungslos zu weinen. Aber 20 der 26 Versuchspersonen drückten immer wieder den Knopf, der dem Hund echte Schmerzen zufügte – und zwar bis zur höchsten Spannung. Nur 6 männliche Studenten weigerten sich im Laufe des Experiments, weiterzumachen. Alle 13 Versuchsteilnehmerinnen gehorchten und brachten die Sache zu Ende. Immerhin: Je höher der ausgelöste Schock ausfallen würde, desto zögerlicher und weniger lang betätigten die Versuchspersonen den Schalter. Anders als von Sheridan und King erwartet, bestätigte das Experiment Milgrams Ergebnisse weitgehend.

1995: Hunde, unten nicht ohne – Hier geht sozusagen um angewandte Wissenschaft. Hundehalter wissen, dass nicht kastrierte Rüden eine Plage sind. Sie tendieren dazu, jedes Weibchen zu bespringen und jeden anderen männlichen Hund in eine blutige Schlacht zu verwickeln. Also muss man sie kastrieren. Aber danach stimmt nichts mehr so richtig. Wie sieht das denn aus, ein schlanker und muskulöser Rüdenkörper, fast schon ein Kunstwerk, und dann fehlen unten die Ei... Eigentlich ist das nicht wirklich schön, da muss man doch was machen können.

Das dachte sich auch Gregg A. Miller aus Oak Grove, Missouri, als sein Bloodhound Buck kastriert werden sollte, und er machte sich, praktisch, wie Amerikaner aus Missouri denken, sofort an die Erfindung von »Neuticles« – Hodenimplantate für den kastrierten Hund. Er ging das Problem gleich in den richtigen Dimensionen an, stellte ein Team von Tierärzten ein, entwickelte eine Operationsmethode, die er CTI (Canine Testicular Implantation) nannte, und investierte insgesamt 500 000 Dollar. Am 21. Dezember 1995 war es so weit: Max, der neun Monate alte Rottweiler eines Police Officers, erhielt die ersten kommerziellen Neuticles.

Die Erfindung wurde – auch artübergreifend – ein Welterfolg: Nach Auskunft auf www.neuticles.com tragen heute 500 000

Hunde, Katzen, Pferde, Bullen und andere Tierarten in allen US-Staaten und 49 Nationen die extrem männlichen Prothesen. Es gibt sie in verschiedenen Ausführungen, Größen und Härtegraden, preislich liegen sie etwa zwischen 129 Dollar für den kleinen Hund und 649 Dollar für den ausgewachsenen Bullen. Jeweils im Doppelpack, versteht sich.

REDENSARTEN MIT DEM ODER ÜBER DEN HUND

»An der Leine fängt der Hund keine Hasen.«

Sprichwort

Tiere transportieren in Redensarten vielerlei Bedeutung. Da wird jemand zur Schnecke gemacht, es läuft jemandem eine Laus über die Leber, ein anderer findet etwas zum Mäusemelken. Jemand, der aussieht wie ein Dreckspatz, braucht meist mehr als nur eine Katzenwäsche, aber er will kein Frosch sein und macht stattdessen eine Mücke zum Elefanten. Auch zahlreiche Hunde haben sich in Redewendungen eingeschlichen.

Auf den Hund gekommen – Diese Redewendung nahm ihren Ursprung in einer seltsamen Sitte – man malte das Bild eines Hundes auf den Boden von Kästen und Truhen, in denen man Geld aufbewahrte. Vielleicht sollte dies Einbrecher abschrecken, aber die erzieherische Wirkung erreichte besonders den Besitzer des Reichtums. Wer den Boden der Truhe sah, war auf den Hund gekommen und nahe daran, zahlungsunfähig zu werden. Sozialer Abstieg drohte.

Das ist *eine* Deutung dieser Redewendung, es gibt zahlreiche andere. Bergleute nannten die kleinen Wagen, die unter Tage zum Transport von Kohle oder Erz verwendet wurden, Hund oder Hunt. Wer seine Arbeit nicht korrekt verrichtete, durfte nicht mehr als Hauer vor Ort Kohle oder Erz abbauen, sondern wurde zum Schieben dieser Wagen abgestellt, eine unangenehme und schlecht bezahlte Tätigkeit – er war auf den Hund gekommen. Übrigens heißt das kleine Transportbrett auf vier Rollen, das für kurze Wege bei Möbel- und Lastentransporten Verwendung findet, auch heute noch Hund.

Wieder eine andere Version aus dem süddeutschen Sprachraum: Brautpaare, die heiraten wollten, erhielten von ihren Eltern eine sogenannte Aussteuer, in der Praxis eine Truhe voller Bettwäsche und anderer für den Haushalt wichtiger Textilien. Mit den Jahren des Zusammenlebens wurde diese Truhe immer leerer, vor allem dann, wenn keine neuen Bettlaken und Leinendecken hinzugekauft wurden. War sie dann endlich leer, war man *hunden* – wie es im Schwäbischen heißt –, also unten angekommen.

Bei diesem Wetter jagt man keinen Hund vor die Tür – Das Wetter ist so schlecht, dass die Bewohner des Hauses sogar Mitleid mit den Hunden haben.

Da also liegt der Hund begraben – Heute gebraucht man diese Redewendung, wenn man einer Sache auf den Grund gekommen ist oder ein Problem gelöst hat. Um tote Hunde geht es dabei nicht – das Wort *hunde* oder *hunt* bedeutet im Mittelhochdeutschen so viel wie Beute, Raub, Schatz. Es geht zwar um etwas unter der Erde, aber nicht um einen verstorbenen Vierbeiner.

Da beißt sich der Hund in den Schwanz – Diese Redewendung vergleicht einen Sachverhalt mit dem paradoxen Verhalten eines Hundes, das übrigens gar nicht so selten vorkommt.

Da bellt kein Hund und kräht kein Hahn – Die bildhafte Beschreibung einer Einöde ohne die üblichen Geräusche des alltäglichen Lebens; eine andere Version: **Da ist der Hund tot!**

Da liegt der Knüppel beim Hund – Jemand hat die Ursache eines Übels gefunden oder ist auf die Hindernisse gestoßen, die beseitigt werden müssen.

Da wedelt der Schwanz mit dem Hund – Die Verhältnisse haben sich umgekehrt, eine Sache ist aus dem Ruder gelaufen, etwas ist nicht so, wie es sein sollte.

Da wird doch der Hund in der Pfanne verrückt! – Schuld an dieser Redewendung ist Till Eulenspiegel. Als er einmal bei einem Bierbrauer arbeitete, der einen Hund namens Hopf hatte, soll er diesen in die Braupfanne geworfen haben, als der Braumeister ihn aufforderte, den Hopfen zu sieden. Er war wohl nicht nur ein Schelm, sondern auch noch schwerhörig. Außerdem verstieß er gegen das Reinheitsgebot, denn Bier darf nur aus Wasser, Malz und Hopfen gebraut werden – von Hunden steht nichts im Rezept.

Das also ist des Pudels Kern! – Der Ausdruck mit des Pudels Kern stammt aus Goethes Drama *Faust I*. Mephistopheles erscheint darin Faust in der Gestalt eines Pudels. Als er diese Maskerade aufgibt und sein wahres Wesen offenbart, kommentiert Faust: »Das also war des Pudels Kern!«

Dort, wo die Hunde mit dem Schwanze bellen – Diese Redewendung beschreibt einen entlegenen, meist auch rückständigen Ort mit eigentümlichen Sitten irgendwo in der Provinz.

Das ist ja ein dicker Hund! – Frechheit, Skandal, Unverschämtheit – das sind die Synonyme für diese Redewendung. Über die Bedeutung wird gestritten: Eine Interpretation behauptet, der dicke Hund (das tatsächliche Haustier) sei ein beleidigendes Geschenk gewesen. Eine andere Deutung weist wieder auf den Hunt als Beute, Raub oder Schatz hin.

Das ist ja zum Junge-Hunde-Kriegen! – Über die Herkunft dieser Redensart ist nichts bekannt. Sie kommt zum Einsatz, wenn etwas über alle Maßen Kurioses, Unerwartetes oder Irritierendes geschieht.

Dem kleinsten Hund gibt man die meisten Prügel – Der
Schwächste und Wehrloseste hat immer am meisten zu leiden, aber …

Den Letzten beißen die Hunde – Das belegen die Erfahrungen mit einer Hundemeute, und diese Erkenntnis gilt sowohl für Tiere bei der Jagd als auch Menschen im Alltagsleben. Daraus entstanden ist die moderne Erkenntnis: Man muss nicht der Schnellste sein, nur schneller als der Letzte.

Die Hunde bellen und die Karawane zieht weiter – Viel Lärm um nichts: Die Alltagsgeräusche (das Hundebellen) halten das Geschehen nicht auf, das seinen Lauf nimmt.

Er hat so viel Schulden wie ein Hund Flöhe – Diese Aussage über einen Menschen stellt eine Alternative zu einer negativen SCHUFA-Auskunft dar.

Er ist bekannt wie ein bunter Hund – Jemand ist leicht wiederzuerkennen und steht im Fokus der Öffentlichkeit; so erging es früher auch einem in besonderer Weise gemusterten oder gefärbten Hund.

Er ist mit allen Hunden gehetzt oder aber mit allen Wassern gewaschen – Jemand ist aufgrund seiner Erfahrungen ausgebufft, raffiniert, durchtrieben und ein wehrhafter Gegner.

Heulen wie ein Schlosshund – In dieser Redewendung wird das Weinen eines Menschen mit dem Heulen eines Hundes verglichen. Sie kommt dann zum Einsatz, wenn jemand glaubt, sein Gegenüber würde übertrieben emotional und weinerlich reagieren. Ein gewöhnlicher Hund genügt der Redewendung nicht – es muss der Hund auf dem Schloss sein, dessen Heulen weit vernehmbar ist. Oder ein Hund, der mit einem Schloss an einer Kette gefangen ist.

Hundstage – Die oft drückend heißen und schwülen Tage von Ende Juli bis Ende August tragen ihren Namen nicht, weil man *vor die Hunde* geht oder *keinen Hund vor die Tür schicken* mag, sondern wegen des Sterns Sirius, des hellsten Sterns am nächtlichen Sommerhimmel. Wie Sie bereits an früherer Stelle in diesem Buch erfahren haben, wird dieser auch »Hundsstern« genannt.

Vor die Hunde gehen – a) Jagd: krankes oder schwaches Wild wird Opfer der Hundemeute; b) ein Bergmann muss als Strafe oder besonders schwere Arbeit die Hunte ziehen (kleine Transportwagen im Bergbau, siehe auch »Auf den Hund gekommen« weiter oben).

Der ist wie ein Hund, den man zum Jagen tragen muss – Diese Redewendung beschreibt eine Person, die die von ihr erwarteten Leistungen nicht von sich aus erbringt und zusätzlicher Motivation bedarf.

Wie Hund und Katze – Beschreibung einer Feindschaft, sehr oft für Paare in Gebrauch, wobei die vorausgesetzte Feindschaft zwischen den Tierarten nicht unbedingt immer den Tatsachen entspricht; manche Hunde und Katzen verstehen sich gut.

Viele Hunde sind des Hasen Tod – Doppelte Bedeutung, je nach Perspektive: a) gegen zu viele Feinde kann man nicht siegen oder b) mit vielen Verbündeten besiegt man jeden Feind.

Von dem nimmt kein Hund ein Stück Brot – Dieser Ausdruck beschreibt eine Person von niederem Ansehen, die von niemandem geachtet wird.

Wenn du dir einen Hund hältst, belle nicht selber! – Ein Tipp für Vorgesetzte: Rede den Menschen, die für dich arbeiten, nicht in ihre alltäglichen Geschäfte hinein.

Wer mit den Hunden schläft, steht mit den Flöhen auf – Man sollte sich über die Folgen seiner Handlungen klar sein; Flöhe im Fell eines Hundes waren früher etwas Alltägliches, womit man rechnen musste.

DIE WICHTIGSTEN HUNDEBERUFE

»Faule Schäfer haben gute Hunde.«

Sprichwort

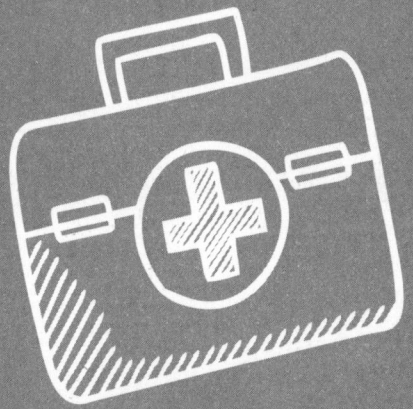

Jagdhund – Aus der einfachen Begleitung auf einem Jagdausflug hat sich eine Vielzahl von jagdlichen Funktionen und Aufgaben entwickelt, die Hunde unterschiedlicher Rassen, die an ihre Aufgaben angepasst sind, übernehmen. Sie scheuchen als Stöberhunde Wild auf, zeigen als Vorstehhunde versteckte Beute an, tragen als Apportierhunde erlegte Tiere zu ihrem Jäger, verfolgen als Schweißhunde Spuren verletzter Tiere, kommen gegen unterirdische Beute als Erdhunde zum Einsatz und verfolgen fliehende Tiere bei der Hetzjagd.

Schutzhund und **Polizeihund** – Sie bewachen Personen und Objekte durch ihre abschreckende Anwesenheit vor Angreifern und Eindringlingen; speziell ausgebildete Hunde, zum Beispiel im Polizeidienst, werden von Hundeführern auch gegen Personen eingesetzt.

Militärhund – Auch beim Militär kommen spezielle Diensthunde zum Einsatz, zum Beispiel bei der Minensuche, bei der Sicherung von Waffenlagern oder bei der Suche nach Verschollenen und Verschütteten. In erster Linie sind sie aber Kampfhunde im wahrsten Sinne des Wortes. Sie sind bei den Special Forces vieler Länder bei militärischen Operationen an vorderster Front, dringen bei der Terrorbekämpfung als Erste in Gebäude mit Verdächtigen ein, finden versteckte Sprengkörper, heben die Verstecke von bewaffneten bösen Jungs aus und machen vor keinem Gegner halt. Bei Kampfeinsätzen im Ausland, schreibt der ehemalige Navy SEAL Will Chesney, ist die gegnerische Furcht vor diesen Hunden oft größer als die Furcht vor Angehörigen der US-Spezialstreitkräfte. Die Nummer eins unter den »Warrior Dogs« im Militäreinsatz ist heute der Malinois, eine Varietät des Belgischen Schäferhunds. Er hat viele Vorzüge des Deutschen Schäferhunds, ist aber deutlich leichter (Stichwort: Fallschirmeinsätze mit Herrchen) und weniger krankheitsanfällig.

Hütehund – Die Aufgabe von Hütehunden besteht darin, Tierherden zusammenzuhalten und/oder sie zu einem bestimmten Ziel zu treiben; in einigen Fällen übernehmen sie auch die Aufgabe eines Herdenschutzhundes und bewachen die Herde vor Raubtieren.

Schoßhund – Sie sind sozusagen Wellness-Hund und dienen durch umfangreiche Schmuse- und Kuschelarbeit einer Verbesserung der psychischen Befindlichkeit ihres Herrchens oder Frauchens sowie in einigen Fällen auch der persönlichen Selbstdarstellung.

Blindenhund – Diese speziell ausgebildeten Hunde  helfen Menschen, die nicht oder nur sehr schlecht sehen können; sie begleiten Menschen ein (Hunde-)Leben lang und unterstützen sie in ihrem Alltag.

Lawinenhund und **Rettungshund** – Auch diese Hunde sind speziell ausgebildet und können in Katastrophenfällen zum Beispiel bei einem Erdbeben Verschüttete lokalisieren und retten.

Drogenspürhund – Nach einem umfänglichen Training sind Hunde in der Lage, auch kleinste Spuren von Drogen zum Beispiel im Reisegepäck oder in einem Warenlager zu »erschnüffeln«, die menschliche Augen und Nasen nicht bemerken würden.

Medizinischer Assistenzhund – Je nach Ausbildung sind diese Hunde in der Lage, feinstoffliche Veränderungen im menschlichen Körper mithilfe ihrer Nase festzustellen und zum Beispiel eine Krebserkrankung oder eine beginnende Zuckerkrankheit (Diabetes) zu erkennen.

Windhund – Während diese Art von Hunden früher auf der Jagd zum Einsatz kam, sind sie heute die »Rennpferde« bei Hunderennen – oder sie dienen durch ihr elegantes Aussehen als Luxushunde der Repräsentation.

Filmhund (Schauspieler) – Dieser Hundeberuf gehört zwar nicht zu den häufigsten, ist aber durchaus von Bedeutung für die Unterhaltungsindustrie. Hunde, die in Serien auftreten, werden von speziellen Hundetrainern geschult.

Schlittenhund – Dort, wo fast alle anderen Fahrzeuge versagen, machen Schlittenhunde die Fortbewegung durch verschneite Landschaften möglich. Mit ihrer Hilfe lassen sich Waren und Menschen transportieren. Viele Schlittenhunde kommen allerdings auch im Bereich der Touristik zum Einsatz und sind auch für eine winterliche Sportart – Schlittenrennen – unentbehrlich.

EWIGE RUHE AUCH
FÜR HUNDE

»Es ist eine der Grausamkeiten dieser Welt,
dass die Lebensdauer des Hundes
um so vieles kürzer ist als die des Menschen.«

Konrad Lorenz, Verhaltensforscher

Es gehört zu den traurigen Aufgaben nahezu eines jeden Hunde-halters, sich nach einigen Jahren des vertrauten und liebevollen Zusammenlebens von seinem tierischen Gefährten zu verab-schieden. Es liegt auf der Hand, dass für einen empfindsamen Menschen die Tierkörperverwertungsanstalt für die sterblichen Überreste des treuen Begleiters keine Lösung sein kann. Eine Al-ternative stellt der Hundefriedhof dar, oft auch ein Angebot als letzte Ruhestätte für andere Haustiere und Tiere.

Einer der ältesten Hundefriedhöfe ist der **Cimetière des Chiens** (zu Deutsch: Hundefriedhof) auf der Île des Ravageurs in As-nières-sur-Seine, Département Hauts-de-Seine, Frankreich, am nordwestlichen Ufer der Seine gegenüber von Paris gelegen. Das Projekt wurde vorangetrieben von den Journalisten Georges Harnois und Marguerite Durand, die auch als Frauenrechtlerin einen Namen hat, und konnte im Herbst 1899 eröffnet werden. Die neue Begräbnisstätte befriedigte wohl einen großen Bedarf, denn schon bis zum 20. Oktober 1900 wurden 193 Tiere bestat-tet, 1988 zählte man 55 000 Grabsteine, bis heute sind dort über 100 000 Tiere beerdigt worden, darunter Berühmtheiten wie etwa Mémère, das 1919 begrabene Maskottchen der französi-schen Infanterie, das im Ersten Weltkrieg in den Schützengräben diente, und Rin Tin Tin († 10. August 1932), der Hund aus der Fernsehserie. Bei so viel Prominenz bleiben Neid und Habgier nicht aus: Am 5. Februar 2012 wurde das Grab eines anscheinend wohlhabenden Hundes aufgebrochen und ein Diamanthalsband im Wert von 9000 Euro gestohlen.

Heute gibt es Tierfriedhöfe in Edinburgh, Stockholm, auf Norderney, in Berlin-Lankwitz und anderswo.

Besonders hervorzuheben ist der Hundefriedhof Barsberge in der Nähe der Stadt Seehausen in der Altmark in Sachsen-Anhalt, denn er ist möglicherweise der älteste Hundefriedhof der Welt. Hier setzte Revierförster Hahn für seinen treuen Hund 1878 den ersten Grabstein mit der Aufschrift »Dem treuen Nimrod«. Seither sind dort viele Hunde und andere Tiere beigesetzt worden, zahlreiche Kreuze und Grabsteine zeugen davon.

BESTATTUNG VON MENSCH UND TIER

Sehr viele Hunde haben ihr ganzes Leben lang treu neben ihrem Menschen gelegen – obwohl Hunde ja gar nicht ins Bett dürfen. Der Wunsch, Herrn und Hund in demselben Grab zu bestatten, wurde über viele Jahre ignoriert – bis ins Jahr 2015. In der Nähe von Koblenz und in Essen entstanden die ersten Mensch-und-Tier-Friedhöfe. Zwar gelten besondere Regeln für die Totenruhe – eine gemeinsame Erdbestattung ist nicht erlaubt. Einen Ausweg bietet die Urnenbestattung: Wenn der Tierkörper verbrannt wurde, spricht nichts gegen das gemeinsame Grab, denn für eine Urnenbestattung von Tieren fehlt es an gesetzlichen Regelungen bis auf eine: Die Asche des Tieres darf nicht mit der menschlichen Asche gemischt werden – das geht dem Gesetzgeber zu weit. Aber man kann die Asche des

Hundes mit der seines Menschen im Wind verstreuen oder sie in einer eigenen Urne aufbewahren und diese neben der Urne des Menschen beisetzen.

Dackel

Hunderassen
(Auflösung von S. 24–25)

Deutscher
Schäferhund

Border-Collie

Greyhound

Afghane

Dobermann

Boxer

Dalmatiner

Rottweiler

Bulldogge

Französische Bulldogge

Mops

Basset

Beagle

Foxterrier

Yorkshire-Terrier

Schnauzer

Bernhardiner

Husky

Retriever

Sharpei

Pitbull

Dänische Dogge

Pointer

Chihuahua

Bluthund

Spitz

Pudel

Corgi

Westland-Terrier

Boston Terrier

Bullterrier

Chow Chow

Die Spur des Hundes (Auflösung von Seite 33)

Bär Biber Dachs Eichhörnchen Elch

Elefant Erdmännchen Fuchs Gepard Giraffe

Gorilla Hase Hirsch Huhn Hund

Igel Katze Krokodil Kuh Leopard

Löwe Luchs Nashorn Nilpferd Pferd

Schwein Tiger Waschbär Wildschwein Wolf

Norbert Golluch

UNNÜTZES VÄTER WISSEN

Gehirndoping für Papas

YES

Norbert Golluch

UNNÜTZES
LEHRER
WISSEN

Ein Buch gegen die
Leere im Lehrerzimmer

YES

Norbert Golluch

UNNÜTZES
KOCH
WISSEN

Leckere Fakten mit und ohne Ketchup

YES

Norbert Golluch

UNNÜTZES
MILITÄR
WISSEN

Geistige Munition, mit
der man ins Schwarze trifft

YES

Norbert Golluch
UNNÜTZES
KLO
WISSEN
Alles, was du auf
dem Häuschen
wissen musst
YES